# The Complete Book of
# SPICES

The Complete Book of
# SPICES
## スパイス完全ガイド
最新版

山と溪谷社

# Contents

異国の香りを食卓に 6

## 1 スパイスのはるかな旅 8

## 2 スパイス図鑑

パラダイスグレイン 20　ディル 21　セロリ 22　マスタード 23　チリ 26
キャラウェイ 29　カシア 30　シナモン 31　コリアンダー 32　サフラン 33
クミン 34　ターメリック 35　ゼドアリー 36　レモングラス 37　カルダモン 38
クローブ 40　アサフェティダ 41　フェンネル 42　スターアニス 43
ジュニパー 44　ガランガル 45　ナツメグ 46　メース 46　ニゲラ 48　ポピー 49
オールスパイス 50　アニス 51　ペパー 52　チュバブ 54　スーマック 55
セサミ 56　タマリンド 57　アジョワン 58　フェネグリーク 59　バニラ 60
ファガラ 61　ジンジャー 62　カフィルライム 64　小ガランガル 64
ケンフェリアガランガル 64　マンゴー 65　カレーリーフ 65　スクリューパイン 66
マーラブ 66　ポメグラネート 67　ワサビ 67

## 3 世界のミックス スパイス 68

七味唐辛子 70　ゴマ塩 70　五香粉 72　花椒塩 72　サンバルウラック 74
サンバルバジャック 75　ローストナムプリ 76　生野菜用のナムプリ 76
レッドカレーペースト 78　カレーパウダー 80　サンバルパウダー 82
パンチフォロン 82　ガラムマサラ 84　チャットマサラ 86
グリーンマサラ 87　スリランカのカレーパウダー 88　コロンボパウダー 88
バハラット 90　ザグ 90　ベルベレ 92　タビル 94　ハリッサ 94
ラセラヌー 96　ザーター 96　スカッピのスパイスミックス 98
キャトルエピス 100　メランジュクラシック 100　ピクリングスパイス 102
プディングスパイス 103　ケイジャンシーズニング 104
バーベキュースパイス 106　ジュニパースパイス 106
パプリカスパイス 106　フェンネルスパイス 106　サンバルトラッシ 108
野菜料理用のナムプリ 108　マドラスのカレーパウダー 108　チャーマサラ 108

西インドのカレーパウダー 109　　ワットスパイス 109　　チュニジアの五香スパイス 109
タッカ 109　　カニのボイル・魚料理用のシーズニング 109

## 4　スパイスのきいた料理 110

スープとオードブル 112　　魚料理 115　　肉料理 119　　野菜と穀類の料理 127
サラダ 133　　デザート 136　　パン, ケーキ, ビスケット 138　　ソース, 保存食 142
ドリンク 145

## 5　スパイスのある暮らし 146

いにしえのスパイスライフ 148　　ポプリとポマンダー 150　　薬としてのスパイス 152
保存と下ごしらえ 154

### 索引 156

### スパイスの買える店 158

First published in Great Britain in 1990
by Dorling Kindersley Limited,
9 Henrietta Street, London WC2E 8PS

Copyright© 1990 Dorling Kindersley Limited, London
Text copyright© 1990 Jill Norman

Japanese Edition© 1992 YAMA-KEI Publishers Co., Ltd. Tokyo

All rights reserved. No part of this publication may be
reproduced, stored in a retrieval system, or transmitted
in any form or by any means, electronic, mechanical,
photocopying, recording or otherwise, without prior
written permission of the copyright owner.

Japanese translation rights arranged
with Dorling Kindersley Ltd., London
through Tuttle-Mori Agency Inc., Tokyo

# 異国の香りを食卓に

愛するスパイスのひきだしよ，どんなにお前を開けたいことか
はるかな東洋からの自由の息吹き，果てしのない旅
魔法に包まれたコロンボ，セイロン
出会うことはかなわずとも，お前を嗅ぐことはできるのだ
ロジャー・ルクイエ

## スパイスとは？

　普通スパイスと呼ばれているのは，植物の芳香のある根や幹，つぼみ，種子，果実などを乾燥したものです。辞典では，「熱帯産の，強い香りをもつ植物性物質で，普通薬味などに使われる」と定義されています。この言葉はラテン語で「特別の種類」という意味の species からきています。はるか昔，スパイスは西洋人たちにとってまさに特別なものであったことが想像されます。のちになって，この言葉は，品物とか商品という意味ももつようになりますが，それも，スパイスが高い商品価値をもっていたことの証しでしょう。

　シナモンやペパー，ジンジャー，クローブ，ナツメグなど，需要の高いスパイスのほとんどは熱帯アジアの原産ですが，西インド諸島と中央アメリカではオールスパイス，バニラ，チリなどが，地中海沿岸地方ではコリアンダー，フェネグリーク，フェンネル，ポピー，マスタードなどの芳香性シード類が多く生産されています。比較的寒い地方でもジュニパー，キャラウェイ，ディルなどが栽培されるなど，今や消費のみならず生産も多くの国で行なわれています。

## スパイシーな香り

　各スパイス独特の香りは，植物に含まれる揮発性の芳香成分によるものです。この成分は植物から水蒸気蒸留した成分や精油に多く含まれています。たとえばペパーやチリ，ジンジャーなどは口に入れるとヒリヒリとした辛みがありますが，どれも同じ味ではないはずです。辛さや甘さ，すっぱさ，塩辛さ，苦さなどの味覚は，まず舌で感じますが，そのほかの複雑で微妙な味は，香りで味わっている場合も多いのです。鼻をつまんで何かを食べると，まったく味気なくなってしまうことでもわかるでしょう。精油に含まれる芳香成分は，こうして，人の味覚にもひと役かっているのです。

　味や香りを表現する言葉はとても貧困で，普通はなにかに例えて表現します。スパイスに最もよく使われる形容詞は，英語では「アロマティック」と「プンジェント」ですが，スパイス同士を比較するためには，これらの言葉をもっと正確に定義する必要がでてきます。ディルやフェンネル，アニス，キャラウェイ，クミン，そしてスターアニスはみな「アニスノート」と表現される香りをもつグループとされ，スターアニスを除けば同じ科に属しています。ディルの「アニスノート」の要素はマイルド

でほのか，フェンネルではもっとはっきりし，アニス自身ではカンゾウのような少し甘い味がします。キャラウェイではもっと抑えられていますが，総合的にはほろ苦さが口に残るような風味です。クミンはこのグループの中で最も「アニスノート」がきつく，他の構成要素と一緒になってぴりっとした苦みと独特の個性ある風味となっています。スターアニスはしばしば最もはっきりした「アニスノート」をもつといわれます。それは甘く苦い感じで，カンゾウによく似ています。このように，千差万別の風味を言葉でまとめ，表現することはとても難しく，風味や芳香のレベルにおいての微妙な差を議論するときには，結局は実際に口に含んでみるしか方法がないのです。

## 貴族から庶民へ。そして今…

昔，スパイスはたいへん高価なもので，ひきだしや特製のスパイスラック，小さく仕切った箱などに鍵をかけてしまわれていたほどでした。古代から薬や防腐剤，香料として珍重され，ギリシャ時代にはカシアやジンジャー，ペパーを輸入し，そしてアニスやコリアンダー，サフラン，ポピーなどをタイムやミント，マジョラムなどと一緒に栽培していました。紀元1世紀，ギリシャの軍医でもあり植物学者でもあったディオスコリデスは薬学の本を残しましたが，これは西洋で初めてスパイスやハーブを使った治療法を紹介した本となりました。ローマ時代に入ると，上流階級では，スパイスを室内でぜいたくにふりまいて匂い消しに使ったり，またお香としたり，料理に利用したりと，大量に使いはじめ，それからはスパイスはまさに植物になる宝石のように高い人気を博していったのです。西ヨーロッパの暗黒時代に非常に高度な文化をもっていたイスラム帝国は，科学や薬学，芸術，文芸がたいへん進んでいました。首都のバグダットにあったカリフ国王の宮殿ではぜいたくな宴会をもよおすことが有名で，料理人たちは金に糸目をつけずに東洋や中近東のガランガル，クローブ，カルダモン，ナツメグ，シナモン，ペパー，アサフェティダ，ジンジャー，サフラン，ローズウォーターなど高価な材料を駆使し，さまざまな風味が絶妙に調和したごちそうを作ろうと奮闘したといいます。

ヨーロッパでスパイスが料理に広く使われるようになったのは中世後半になってからのことです。14世紀末のパリでは，普通の主婦でもソース業者からスパイスソースを買うことができるようになりました。1393年に出されたパリのマナーブックによると，晩餐のタげにはカメライン1クォート，夜食にはマスタード2クォートを必ず用意することになっていたそうです。カメラインとはシナモン，ジンジャー，クローブ，パラダイスグレイン，メース，ロングペパー，酢に浸したパンを合わせて作った，当時では最も人気のあるソースでした。17世紀頃まで上流階級の宴会ではスパイスのきいた料理を出すのが通例となり，肉と魚にはシナモンやペパー，クローブ，ナツメグ，ジンジャー，ガランガル，サフランのソースをかけるのが常識とさえなっていきました。砂糖や酢を加えて甘ずっぱさを出したりもしていました。当時のドイツではキャラウェイやクミン，セリの種などが，イタリアではフェンネルが人気だったようです。

17世紀に入るとスパイスの価格も下がって広く手に入るようになり，もはや金持ちの見栄で使われるものではなくなりました。特にオーブンを使った料理やお菓子などでは重宝され，ナツメグとシナモンで味つけしたカスタード，サフランケーキ，シードケーキなどは人気の品でした。この頃はパラダイスグレインやチュバブ，ゼドアリーなど，中世に使われていたもののいくつかは姿を消してしまいましたが，代わりにアメリカ大陸からオールスパイスやチリ，バニラなどの新しい香りが入ってきました。さらに18世紀末になると，イギリスでスパイスやニンニク，フルーツなどを酢や醤油と一緒に樽詰めにし，柔らかくなるまで最長2年ほど漬けこんだ，液状のピクルスがソースとして瓶詰で発売されました。ソース作りには各家庭や業者の秘伝があり，ラゼンビーのアンチョビエッセンスやハーベイのソースなどが初期に成功したソースです。やがて19世紀の中頃になると，アメリカのルイジアナでタバスコソースも生まれました。

今日，私たちの食生活には，スパイスは欠かせないものとなりました。手に入る種類も多く，ソースやエッセンスから粉末，ホール（収穫したままの姿）まで，純粋なものからさまざまにブレンドされたもの，珍しげな異国のものまで簡単に購入できます。こうして選択の幅が広がったのも，人々のスパイスへの興味が復活してきている証拠ではないでしょうか。

まだ手にしたことのないスパイスも使って，いろいろな利用法を試してみましょう。あなたのセンスで，お料理にも遠い異国の芳しい風味が加わるはずです。

# 1

# スパイスのはるかな旅

アジアやアラビア，地中海地方などでは，何千年もの昔から，スパイスは食生活に欠かせないものとして人々と深く関わってきました。西洋では特に珍重され，金同様の価値をもった時代さえあったのです。貴重なスパイスを求めて，各国は競って東方へと新航路探索の旅に出，生産管理権をめぐって熾烈な争いをし，富を得た国は大帝国へと発展しました。まさにスパイスが歴史の流れを変えたといっても過言ではありません。今日では往時の利権争いこそないものの，スパイスの生産や輸出収益に経済の多くを頼っている国も少なくありません。昔も今も人々を魅了してやまない，スパイスの魅力とは何なのでしょう。

・スパイスのはるかな旅・

# 東西交流のはじまり

**ペパー**
この実を求めて地中海諸国が競って東方への新ルートを探索し，世界の動きが大きく変わった

**ラクダの隊商**
スパイスはアジア諸国から古代シルクロードなどの隊商ルートを通り，何世紀にもわたって運ばれ続けた

　地中海沿岸地方ではかなりの昔から，スパイスの商いが行なわれてきました。ハーブやスパイスはエジプトではミイラを作るのに利用したり，軟膏や油薬として使ったり，また，お香として室内で焚いたりしていたのです。紀元前約1550年もの昔に書かれたというエジプトの医学書，『エーベルス・パピルス』には，アニスやキャラウェイ，カシア，カルダモン，マスタード，セサミ，フェネグリーク，サフランなどが使われていたという記録があります。
　やがてアラビア半島原産の木の樹脂である乳香や，東アフリカ産の木の樹脂のもつやく(ミルラ)，さらに極東の香辛料や宝石などが，ロバや，後にはラクダの隊商によって，長い道のりを経て運びこまれるようになりました。このルートは香料の道と呼ばれ，遠く南アラビアのハドラマウト(今のイエメン)から紅海沿岸を北へ，メッカを経由してエジプトやシリアへと続いていました。聖書のなかにも，ギレアデからエジプトへ，ラクダの背にスパイスと乳香ともつやくを乗せて下る隊商に，ヨセフが兄弟たちの手によって売られてしまう話(創世記37章)があります。また，イスラエルの王ソロモンの勢力が盛んになったために，シバの女王があわてて金や宝石，スパイスを贈り物に駆けつけたという話(列王紀上10章)からは，スパイスがいかに貴重品であったかがうかがい知れます。
　アラブの国々は古くから何世紀にもわたってスパイスの産地である東洋やアフリカと消費地である地中海地方とのスパイス貿易の中継点として栄え，直接取引されるのを防ぐために，客には決して原産地を明かさなかったといいます。非常に危険な場所から持ってきたという作り話まででっちあげていたのです。この貿易の担い手は，古くはフェニキア人でした。そして紀元前332年，マケドニアのアレキサンダー大王によってフェニキアの商業都市テュロスが征服された後は，翌年彼の建てたアレクサンドリアが東西貿易の中心地として栄えるようになり，スパイス貿易はギリシャ人の手にゆだねられるようになりました。インドのマラバル海岸からペルシャ湾岸を通り，チグリス川かユーフラテス川を遡ってバビロンからアンティオクへ至るルート，あるいはアラビア海から紅海を経由したルートが，彼らのたどった最も古い海路と考えられています。

## ローマ時代

　ローマ帝国全盛の紀元1世紀，ローマ人は東方の産物を求めて，エジプトからインドへと航海を始めました。当時はたいへん危険な旅で，2年もの年月がかかりましたが，1世紀半ばにギリシャの航海商人ヒッパラスが季節風を発見してからは，南西季節風の吹く4月から10月に産地へ向かい，北東季節風の吹く10月から4月に帰路につくというように，片道に1年かからなくなりました。彼らが持ち帰ったスパイスはすぐさま香水や化粧品，薬品，料理用として高価な値で売られました。この頃ローマの美食家アピシウスが書いた『料理について』という本

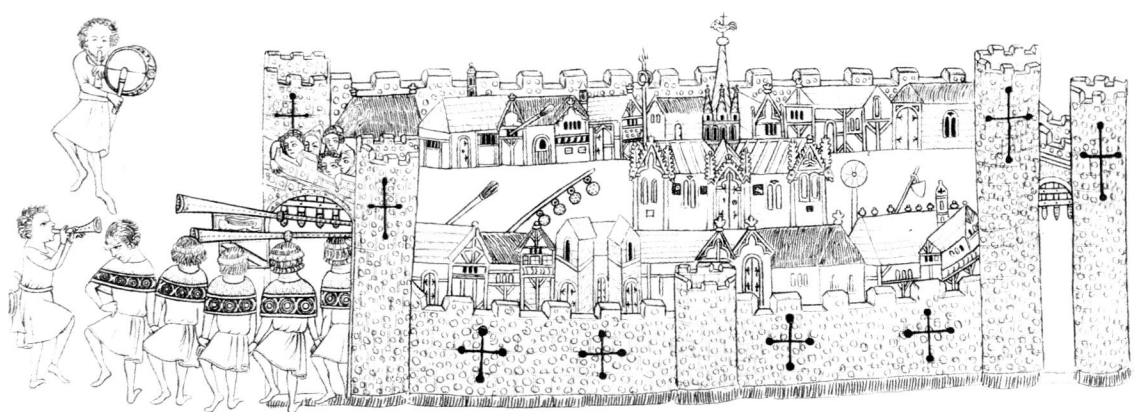

コンスタンチノープル
かつての東ローマ帝国の首都で，スパイス貿易の中心であった

には，スパイスについての記述が広範囲に登場しています。消化を助け，料理の味わいを増し，ときには食料の保存にも役立つその効能についても詳しく紹介されています。ジンジャーやターメリックなど東洋のスパイスのなかでも，特にペパーは人気がありました。同じ頃，シルクロードという陸路も用いられるようになりました。シルクロードは中国の西安から西へ，ヒマラヤ山脈を回りペルシャを横切り，チグリス，ユーフラテス流域から地中海へ，あるいはヒマラヤ西部からインダス川を下ってアラビア海へ，ときには北へアラル海やカスピ海から黒海やビザンティウムへと，そのときどきの政況や隊商にかけられる税金などによっていくつかのルートを使い分けていました。しかし2世紀までに中国の漢王朝が中央アジアでの支配力を強めると，その監視の下，商人たちは比較的安全にローマまでの旅ができるようになったのです。ラクダの背にはたくさんの絹や宝石のほかにカシア，クミン，ジンジャーなどのスパイス類が積まれていました。シルクロードも海路と同様，陸の大動脈として何世紀もの間隊商が行き来し，栄えました。海路では，蒸気船が発明されるまでの長い間，インドとの物資の輸送は風まかせの船旅が強いられたのです。

　やがてローマ帝国がアルプス山脈まで勢力を拡げるにつれ，北部の人々もスパイスの味を覚えるようになりました。408年，ローマ市がアラリック王率いる西ゴート族に包囲されたときには，ローマの人々は市を守るためにペパーや絹，金銀など多大な貢ぎ物を用意したということです。しかし2年後ローマ市は崩壊し，栄華を誇った西ローマ帝国は衰退の道をたどるのです。

　一方，東ローマ帝国（ビザンツ帝国）の首都コンスタンチノープルの周りにも貿易ルートが発達していました。この頃，インドネシアの商人の手によってインドへと運ばれたクローブやナツメグも，西へと移動を始めたと考えられています。

## 中世

　あれほど盛んだった東西の取引は徐々に減っていき，641年にアラビア人がアレクサンドリアを征服した頃にはすっかり途絶えてしまいました。7世紀に入るとイスラム教の勢力が強まり，8世紀にはスペインから中国国境に至る広い範囲にアラブ帝国の力が及びました。この後400年もの間，イスラム教アラブとキリスト教ヨーロッパとの交流は途絶え，東洋のスパイスはほとんどヨーロッパに届かなくなりました。もっとも中世のヨーロッパでは政治的，経済的混乱が続き，東方の産物と取り引きできるような品はほとんどなかったのです。ようやくたどりついたわずかなスパイスも，すべて特権階級の手に収まってしまうのがおちでした。

・スパイスのはるかな旅・

　フランク王国のカール大帝は治世の終わり頃，70種に及ぶハーブや温帯産のスパイスを国中で栽培せよとの命令を下しました。この頃のある僧院の庭の設計図が残っていて，薬用にクミン，フェネグリーク，フェンネル，セリ，ミント，ローズマリー，ルウ，セイジを，料理用にはセロリ，コリアンダー，ディル，ニゲラ，ガーリック，ポピーなどを植えたことがわかります。
　一方，中世のイギリスでどんなスパイスが使われていたかは僧院の会計報告書からうかがい知ることができます。ノーウィッチ修道院の1346年から1350年にかけての報告書には，フェンネル，ジンジャー，ガランガル，サフラン，ガーリック，ペパー，クローブ，チュバブなどを購入した記録があります。その100年ほど後のカンタベリー大聖堂の報告書には，クローブ，メース，サフランなどの購入が記録されています。イギリスでもスパイスが貴重品として扱われていたことは，ペパーなどのスパイスで地代などが支払われていたことからもわかります。14世紀にはパリのある土地の借地代がマスタードで支払われていた記録も残っています。また，スパイス類には事あるごとに特別な税金がかけられ，10世紀には，ハンザ同盟の商人たちがロンドンで商売をするためにはペパー10ポンドを納めなければならないというエセルレッド成文法も制定されました。1305年には，ロンドン橋の修復工事の資金を得るために，アニス，カンゾウ，チュバブなどにも税金がかけられています。イギリス各地の伯爵も，領地でとれるペパー，ジンジャー，チュバブ，クローブ，サフラン，クミン，砂糖などに税金を課していました。

## 十字軍の影響

　11世紀にはいると，十字軍によって東西の交流が再開されました。以後200年にわたって十字軍と巡礼者たちは聖地を求めて旅をし，異国の食べ物の味をヨーロッパに持ち帰りました。当時十字軍の最大の食料供給地であったのはイタリアのベニスとジェノバで，ここでは近東の貿易権が独占され，ヨーロッパのウール，布地，鉄，木材などと，東洋のナツメヤシ，イチジク，レモン，オレンジ，アーモンドとともにペパー，ナツメグ，メース，シナモン，クローブ，カルダモンなどのスパイス類との交換が行なわれていました。この頃もスパイスはたいへん高価なものでしたが，徐々に中流階級でも手に入るようになりました。しかし，交渉はしばしば難航し，アレッポやアレクサンドリアを出発したスパイスがフランスのリヨンやドイツのニュールンベルグ，ベルギーのブルージュといった消費地にたどり着くまでには多くの人の手を経，そのたびに値段がつり上がっていきました。商人たちはより大きな利益を得るために，厳しい罰金制度で禁じられていたにもかかわらず，混ぜ物をしたスパイスを商い，その度合いもだんだん増えていきました。ベニスとジェノバは勢力が増すにつれてライバル意識を燃やすようになりましたが，1380年にベニスがジェノバを負かし，その後100年にわたって東洋との貿易を独占するようになりました。こうしてイタリアは今までにない貿易大国となりました。この隆盛は，当時のインドや中国でも西方から来る金銀や珊瑚，サフラン，ウールなどの需要がたいへん大きかったためにほかなりません。

## 大航海時代のポルトガルの隆盛

　航海者としても知られるポルトガルのエンリケ王子が，1418年，ポルトガル南西部のサグレジュに航海学校を建てました。王子はアフリカ西岸から遠征隊を送り出し，東方への新ルートの開拓に乗り出しました。残念ながら彼の生きている間にはこの夢は達成しませんでしたが，その代わり，熱帯アフリカからパラダイスグレインなど高価な品々を持ち帰るのに成功しました。
　ポルトガルの探検家ヴァスコ・ダ・ガマは，1498年5月，10カ月の航海の後，インド西岸の主要港カリカットに到着しました。ガマはここに数カ月滞在したあとスパイスや宝石を積んで帰国し，ポルトガル国王マヌエル1世に，インド国王が取り引きをする用意があるとのニュースを伝えました。2年後の1500年にはポルトガルの軍人カブラルが大艦隊で出航し，ブラジルを発見して領地とし，1年後にペパーなどのスパイスをたくさん積んで帰国しました。これらポルトガルの隆盛によって長く続いたベニスの独占貿易は崩れ，スパイスには自由競争による値がつくようになりました。マヌエル1世は1504年に，ペパーのみは固定価格にすると宣言し，1506年にはリスボンのスパイス貿易は王室独占の形をとるようになりました。

カルダモン
古代隊商ルートを通ってヨーロッパへと持ちこまれた。東洋では長きにわたって薬や香料として使われていた

ヴァスコ・ダ・ガマ
ポルトガルの探検家。南アフリカ共和国の喜望峰を経てインドへ至るルートを開拓した

・東西交流のはじまり・

ジェノバとベニス
中世に、この両都市は絶大な勢力と莫大な富とを競いあい、やがてベニスが東洋との貿易の中心となった

## スパイス諸島の所有権争い

　勢いに乗ったポルトガルは長いことインド洋のスパイス貿易を独占していたアラビア商人を抑え、1510年にインドのゴアとセイロン島での貿易権を獲得しました。奴隷を使ってこの地にシナモンの森を次々と開拓し、17世紀まで独占貿易を続けたのです。その後ポルトガル人たちはさらに東へ移り、マレー半島南端の貿易都市マラッカに住みつくようになりました。ついにはスパイスや絹、陶磁器などが集まるマルク（モルッカ）諸島のいくつかにも足を伸ばし、砦を建て、現地の君主と盟約を結んで原住民たちを抑圧しました。このマルク諸島は、スパイス（または香料）諸島という別名でさえ呼ばれていた、東洋の物資の集積地でした。1522年にはスペイン王室の庇護のもとにマゼラン艦隊の残党が地球を西回りに航海し、このマルク諸島にたどり着いてポルトガル人たちとの間に紛争が起きましたが、1580年にスペイン王室によって平定されました。

　ポルトガル人は東洋における貿易の利益はもちろんのこと、領地を増やすため、あるいはカトリックの布教を目的に、次々と東方へと移住し始めました。この頃の商売は、昔ながらに王室に税金を支払う義務はありましたが、貿易の取り引きについては自由に行なっていいことになっていました。王室は東洋での貿易をなんとか管理しようとスパイスの固定価格を設定したり、商品の何割かを徴収するように試みましたが、結果的には質の悪い品が王室に入ってくるようになり、ついには管理は容易でないと悟らされたのです。こうして現地では、ポルトガル人たちによってアジア式の取り引きが行なわれていました。

　この取り引きの方法はほとんどが物々交換でした。例えば、マルク諸島のバンダという所はナツメグが有名で、住民はナツメグなどのスパイスと、食品や洋服など彼らが作りだせないものと取り替えていました。価格は大体の生産量に応じて相対的に決められます。例えばメースはナツメグの7倍の価値をもっていました。ポルトガル人たちは仕入れたスパイスを首都リスボンに持ちこもうとしましたが、16世紀の最初の60年間は、ヨーロッパでの貿易と海運の管理権はオランダ人ににぎられていて、オランダ人はスパイス貿易に乗じて多額の利益をものにしていました。1568年にはスペイン国王のフィリップ2世がオランダに侵攻し、両国間に戦争が始まりました。この戦争は15年間続き、オランダ北部のキリスト教カルビン派の地方からはスペイン人を追い出すことができましたが、南部のカトリック地域にはスペイン人が多く残りました。1588年になると、イスパニア無敵艦隊がイギリスに惨敗して

ナツメグとメース
十字軍によってヨーロッパに持ちこまれた。スパイス諸島への新ルートが発見されるまでは入手が難しく、とても貴重で高価なものだった

スペインの制海力は弱まりましたが，フィリップ２世はオランダ人がリスボンで取り引きをすることを堅く拒み続けました。やむなくオランダは，独自にアジアへと向かう決心をします。リスボンにいるオランダ人スパイや９年間ゴアに住んだことのあるオランダ人などから，スパイスの取り引きの方法や現地のポルトガルの砦の様子などの情報を収集して，初めてアフリカ沿岸をアジアへと向かう船旅を計画したのです。

## オランダ東インド会社の設立

1595年，アムステルダムの商人の集団がインドから東南アジア方面へと探検隊を送ることになりました。これはたいへんな旅で，出発してから２年半もたってから，248人のうちたった89

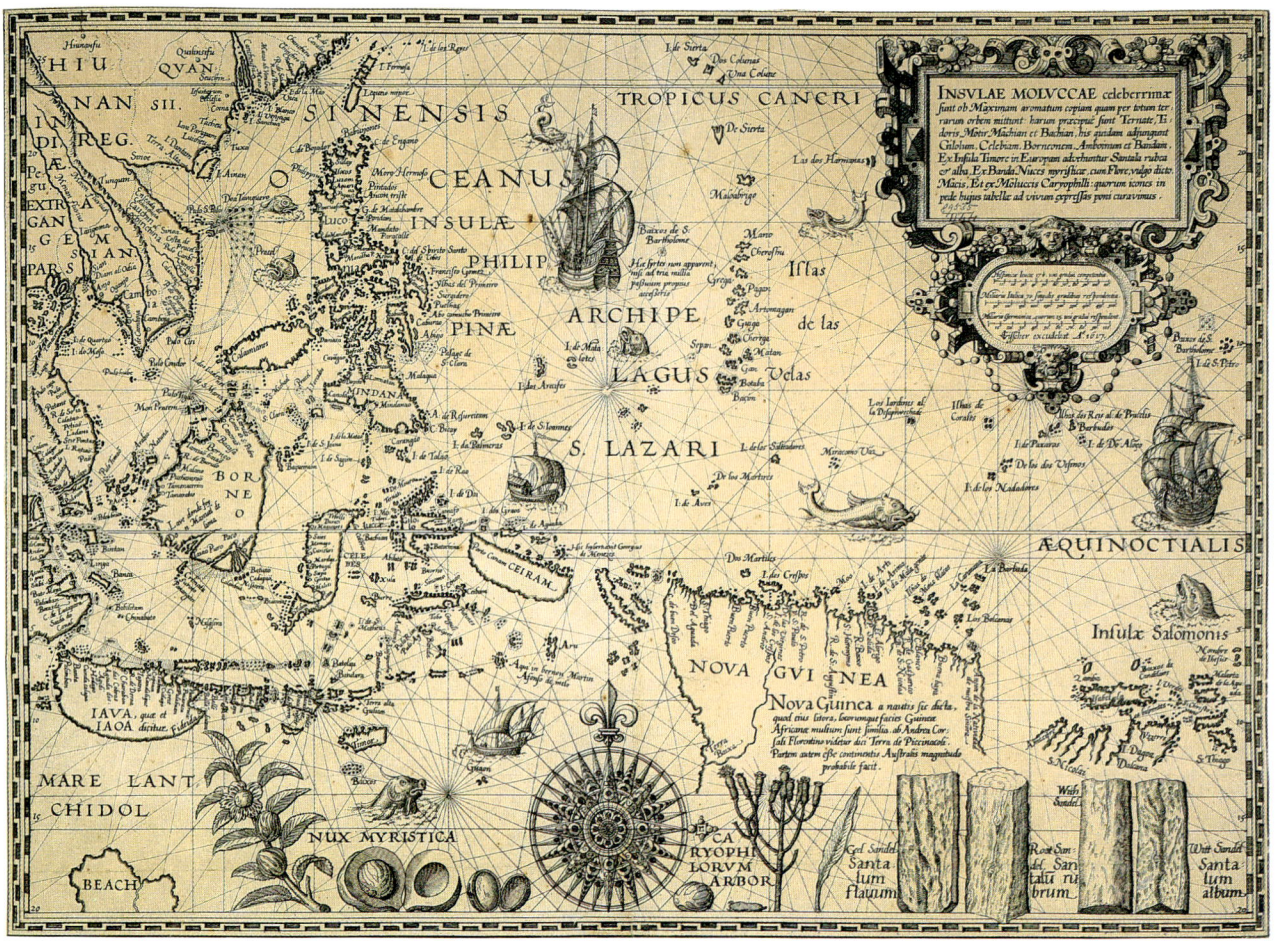

**マルク（モルッカ）諸島**
スパイス（または香料）諸島の別名でも知られている。クローブやナツメグ，メースの主要な産地で，16世紀から17世紀にかけてポルトガルやオランダ，イギリスの熾烈な紛争の的となった

人が，それも大喧嘩をしながら帰国するという結果になりました。けれどその船にはペパーやナツメグ，それにメースが山積みにされていて，この収穫は東方への航海熱をますます高めることになりました。商人たちは競って探検隊を送り出し，オランダ政府はこの競争に収拾をつけるため，1602年にオランダ東インド会社を結成しました。この会社はインドや東南アジアにおけるスペインとの戦争を自費で続行するなど強力な権限をもち，いつしかこの地域でのオランダの植民地支配の礎となり，スパイスの独占貿易の土台となっていったのです。

それまで，アジアでポルトガルの勢力が盛んだったのは，おもにその陸海運力のためでした。しかしオランダはすぐにそれに追いつき，他勢力を追い出してスパイス貿易の独占に没頭するようになりました。さらに現住民の支配者たちは，あまり先を考えずにポルトガル人からの解放をオランダに要請したのです。そして17世紀の前半，オランダ東インド会社はセイロン島，マルク諸島，バンダからポルトガル人を追い出し，マラッカ海峡を封鎖してジャワ島のバタヴィア（今のジャカルタ）に本部をおきました。さらに現地の王族たちと，会社の決めた値段でスパイスを買えるように，しかも従来の物々交換ではなくスペインの通貨であるレアル銀貨で購入できるように交渉を試みました。そして現地の住民には会社の倉庫から持ち出した質の悪い食料品や衣服を法外な値段で売りつけたのです。また，海賊までも使って，中国人や他国の貿

・東西交流のはじまり・

易商がポルトガル人やイギリス人とスパイスの取り引きをするのを妨害しました。さらにスパイスの生産管理を徹底させるために，決まった島以外のナツメグやクローブの林を根こそぎ破壊しました。こうした徹底した抑圧のために，最初は抵抗していた現地の人々も，しだいに従わざるをえなくなりました。スパイスの生産量は増え，1622年にはアンボンとセラムだけでもクローブの生産量は全世界の3分の2以上となったのです。バンダでは過剰生産を防ぐためにナツメグ畑に他の穀物を育てたほどです。さらにヨーロッパでの値崩れを防ぐために，アムステルダムの路上では大量のスパイスが焼却処分されました。

オランダ東インド会社がスパイスの独占貿易のために費やした費用はかなりのものだったので，実際にどれほどの利益があったかは疑問です。18世紀に入った頃には，スパイスの貿易はこの会社の損失部分となっていたことは間違いないでしょう。とはいえ，東南アジアに1607年に渡ったときには一介の帳簿係に過ぎなかったオランダ人ヤン・クーンは，たったの10年間にこの会社の社長，さらにはインド諸国の提督にまでのし上がり，ほとんど独力でクローブ，メース，ナツメグやスマトラのペパーなどで潤う超大国，オランダ帝国を築き上げたのでした。

## イギリスの介入

オランダが東洋でポルトガルを追い出しにかかっている頃，それまで海賊に悩まされていたイギリスも海上貿易に乗り出しました。1600年，エリザベス1世はある貿易会社に貿易の特許を与えました。これがイギリスの東インド会社です。しかしそのほかの商人は自力で資金調達をしなければならなかったため，1609年までにわずか5回の航海，船にして14隻のみが出航しただけでした。この間オランダは同じ規模の艦隊を1年おきに送り出していたのですから，その勢力の差は顕著といえます。1609年になるとジェームス1世がこの東インド会社にイギリスの東洋での独占貿易権を与えました。それからはオランダとイギリスとの間で貿易権をめぐる紛争が続き，ついに1619年，新オランダ共和国はイギリスと条約を結び，力を合わせてインドシナ半島付近，特にマルク諸島の利権を分け合うことを決めます。イギリスはスペインとポルトガルを仲違いさせて戦うように仕向けることでマルク諸島の貿易の3分の1を得るという約束でしたがそれだけの力はなく，さらにクーンが妨害したために結局はマルク諸島を追い出され，マカッサルに移りました。イギリスの商人は，圧倒的なオランダ勢力のなかでもなんとか，60年間もコンスタントに本国にクローブを送り続けていましたが，1682年にとうとうインドネシアの海域の西に追い出されてしまったのです。けれどオランダの独占も長くは続きませんでした。1770年頃，モーリシャスの行政官であり植物学者でもあったフランス人ピエール・ポワーブルが，マルク諸島からクローブとナツメグを密輸して栽培に成功し，セイシェル諸島やレユニオン島，カイエン島といった熱帯地方のフランス領，のちにはザンジバルや西インド諸島でも栽培されるようになったのです。1795年にはペナンにもイギリス人によってクローブの木が植えられ，19世紀にはもうスパイス貿易を独占する国はなくなり，価格も下がり始めました。

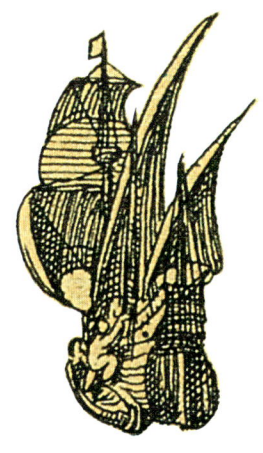

カラベル
15世紀から16世紀にかけて，最も速い船として活躍した帆船。ヨーロッパから東方，西方への新ルート発見に貢献した

## アメリカ大陸の恵み

ヴァスコ・ダ・ガマが東洋にたどりつく6年前，コロンブスはカリブ諸島やアメリカ大陸に上陸していました。もともと極東の伝説の富を求めて出た旅でしたが，4度にわたる航海を試みるうちに，アメリカ大陸からタバコやヤムイモ，ソラマメ，新種のフルーツやナッツ類，そしてチリやオールスパイスを持ち帰り，大好評を博しました。また1519年，エルナン・コルテスはメキシコを征服したのち，艦隊をひきつれて金銀などの財宝のほかにバニラやチョコレート，七面鳥，トウモロコシ，トマト，ジャガイモなどを母国スペインに持ち帰りました。その後世界中の植民地にジンジャーを植え，地中海地方と東洋でチリを栽培しました。

マルク諸島での交易のようす
ほとんどが物々交換だったようである

15

### アメリカの貿易参加

アメリカは18世紀末になってスパイス貿易に参加しました。セラム，ニューロンドン，ニューベッドフォード，ボストンなどからタバコや食料品，氷などを積んだ船が東洋に向かって出航し，紅茶やコーヒー，布地，それにペパー，ジンジャー，クローブ，カシア，シナモンなどのスパイスと交換していました。なかでもスマトラやマラバルのペパーは量が多く価値がありました。19世紀に入るとニューイングランド港はさびれ始め，スパイス輸入の主導権はニューヨークに移りました。ニューヨークでは現在でもアメリカのスパイス輸入量の約60％が取り引きされています。ボルチモアの11％，サンフランシスコの6％がそれに続いています。

**チリの乾燥**
ざるに入れたチリを天日に干している。中国の田舎の風景

**バニラ**
3大高価スパイスのひとつであるために，かなりの割合で合成香料が使われている。アメリカでは90％以上

## 今日のスパイス貿易

アメリカは現在，世界で最もスパイス輸入量が多く，ドイツ，日本，フランスがそれに続いています。最大のスパイス市場はシンガポールで，ペパー，バニラ，シナモン，クローブ，アニス，コリアンダー，クミンなどが周辺各国から集まり，商われています。また香港も重要なスパイスの集散地で，中国のジンジャーやチリ，カシアを大量に扱っています。

1986年のスパイスの国際貿易量は35～37万トン，価格にして10億ドルほどです。日本やドイツ，サウジアラビアなどでは輸入量が増えていますが，アメリカではブラックペパーやマスタード，ゴマといった3大貿易スパイス量が1987年から1988年にかけてやや減少の傾向をみせています。これは生産量が減少して値段が上がったことに起因しますが，オレオレジン（分離抽出された，芳香のある樹脂）などの取り引きはまだまだ伸び続けています。

ほとんどの輸入国で，ペパーは昔も今も量や収入においてとびぬけた存在で，次に取り引きの多いのはパプリカやチリ，カイエンペパーといったトウガラシ類です。カルダモンは中東や北アフリカなどではフレーバーコーヒーに，スウェーデンやフィンランドではパンにと，大量に取り引きされています。インドネシアではクローブの生産量が多いのですが，それをタバコにするため，国内の使用量もかなりのものです。けれども，クローブは今やほとんど各国で自給自足できる状態となり，そのため深刻な価格の下落が起こって，マダガスカルやタンザニアなどの輸出国では膨大な在庫をかかえ厳しい事態となっています。カシア，シナモン，ナツメ

・今日のスパイス貿易・

グ，メースなどは，西ヨーロッパやアメリカで目立って輸入が増えています。メキシコやブラジルもたくさんのカシアを買っていて，旧ソ連や東ヨーロッパではオールスパイスの需要が多くなっています。ジンジャーやターメリックは世界中でかなりの量が取り引きされていて，コリアンダーやアニス，キャラウェイ，クミンといったシード（種子）も世界中で使われていますが，量はそれほど多くありません。アニスやスターアニス，ジュニパーなどは，ジンや蒸留酒の香りづけに酒造会社などからの需要が多く，サフラン，カルダモン，バニラは，今でも3大高価スパイスとして君臨しています。消費者が天然の香料を好むようになったためにバニラ市場は若干の値上がりを起こしていますが，合成バニリンを使った香りづけは，安価なのでかなりの割合で使われています。

　スパイスの国際貿易の約90％がホール（そのままの形）で取り引きされます。唯一パプリカだけは粉として大量に売られ，またカレーパウダーはブレンドされて取り引きされています。生産国は大量のスパイスを船積みし，輸出先で小売用にパックされます。また，あるものは蒸留して精油やオレオレジン（含油樹脂）に加工されます。これらは細菌の汚染を受けずに均一の品質を保てるため扱いやすく，保存もきくので，食品加工業者には好まれ，市場が拡大してきています。濃縮されているので使用時にはアルコールやその他の溶剤で薄めたり，または食品に加える前に他の乾燥原料とブレンドして使うことができます。インドやスリランカ，インドネシアなどはかなり進んだオレオレジンの生産プラントをもっています。

## 主な輸出国

　最大輸出国はなんといってもインドで，ペパー，カルダモン，チリ，ジンジャー，ターメリック，クミンなどやそのほかのシード類やカレーパウダーを多量に輸出しています。そして，ペパー，ナツメグ，メース，カシア，ジンジャー，カルダモン，バニラを産するインドネシア，ペパー，クローブ，ジンジャーを輸出するブラジル，バニラとクローブのマダガスカル，ペパーとジンジャーのマレーシアがこれに続きます。スパイスの輸出国の80％以上は発展途上国で，スパイスは国の重要な産業品であり，多くの農家の副収入源となっています。年間総輸出額の10億ドルという数字は全農業，漁業輸出額のたったの0.5％に過ぎず，砂糖やコーヒーなどの主産物に比べるとかなり低いといえますが，スパイスの輸出収入が輸出国の安定した外貨獲得に一役かっていることはまぎれもない事実なのです。

　スパイスの生産国では，輸出収入の変動を防ぐために，輸入国の需要にできるだけ応え，より円滑な市場経営を行なうよう努力しています。また，輸入国の厚生基準や品質規格にできるだけ適合するような形で生産高をふやす工夫にも余念がありません。ペパーに関しては，インターナショナル・ペパー・コミュニティという活動団体が長年にわたり病虫害対策や加工，マーケティング，価格の安定化などの情報提供を行なってきました。その他のスパイスに関してはこのような国際的なサポートがなかったため，1983年に輸出国，輸入国双方によってインターナショナル・スパイス・グループが結成されました。それから現在に至るまで，売る側と買う側の意見交換が盛んになされ，よりよい市場形成を目指して活発な活動を続けています。

**クローブ**
インドネシアで大量に生産され，国産のタバコ（クレテック）にも多くが使われている

**モロッコのスパイス露店**
パプリカやペパーの実，クミン，シナモンなどいろいろなスパイスが美しく並べられている

17

## 2

# スパイス図鑑

ここではジンジャー，シナモンといったおなじみのスパイス，スクリューパインやパラダイスグレインなどの珍しいスパイスなど，さまざまなスパイスを紹介し，写真入りでわかりやすく説明します。各スパイスの歴史や栽培のようす，成育分布，各国での料理法や昔からの使われ方などを知ればいっそうの興味と親近感を覚えるでしょう。生やドライ，ホール，粉末などいろいろな状態のものの入手法や，それらの上手な利用法についても詳しく説明し，香りや味はもちろん，料理の味つけのヒントなどについてもアドバイスしました。より多くのスパイスを知り，自分なりに応用して楽しんでみてはいかがでしょう。

・スパイス図鑑・

# パラダイスグレイン

**Amomum melegueta**
トランペットのような形をした，ピンクや黄色の目立つ花を咲かせる

今はあまり使われていないスパイスですが，カルダモンに最も近いものです。ペパーに似た辛みがあり，ペパーが高価だったころには代わりに使われていました。シエラレオネからコンゴにかけての西アフリカ，ギニア湾岸地方でとれるので，ギニアペパー，ギニアグレイン，またはメレグエタペパーなどとも呼ばれていました。14世紀から15世紀にかけてはスパイスがとてももてはやされたので，この地域もグレイン（穀物）海岸とかメレグエタ海岸などと呼ばれ栄えました。最初のうちは，パラダイスグレインはここからサハラ砂漠を横断してトリポリ経由でヨーロッパに運ばれ，後にはポルトガル人によって海路で直接運ばれるようになりました。

今日ではパラダイスグレインは西アフリカの民族料理に使われているだけで，現地以外ではなかなか手に入りません。ペパーに少量のジンジャーをミックスして代用することもできます。

**種**
赤茶色の実の中に60～100個も入っている種を使う。種は赤茶けた栗色で，小さなピラミッド形をしている

**粉末**
種の中身は白く，すりつぶすと強い香りのパウダーができあがる

**チュニジアの五香スパイス**
パラダイスグレインは北アフリカのミックススパイスの材料のひとつとして使われている

**香味果実酒用のブレンド**
昔は果実酒の香りづけ用のミックススパイスによく使われていた

## 植物について

**分布**：ガーナ，ギニア，ギニア湾の象牙海岸やシエラレオネなどで栽培されていますが，現在輸出をしているのはほとんどガーナのみとなりました。

**特徴**：アシに似ている多年草で，2ｍもの高さに成長します。スパイスには種を利用します。

**収穫**：成熟した果実の中の，目のさめるように白い果肉から種を取り出して乾燥させます。

**香りと味**：ペパーに似た味で，ピリッとしています。香りはカルダモンに似ていますがくぶん弱いです。カルダモンの仲間にはしょうのうのような香りがあるものもありますが，パラダイスグレインにはありません。

## 利用法

**料理**：昔はビールや果実酒の香りづけなどに盛んに使われていました。特に17世紀ごろには香味果実酒に好んで入れられていたといいますが，現在は西洋などではほとんど使われていません。けれど産地である西アフリカの国々では今も重宝されていて，マグレブの北部でも，ミックススパイスのラセラヌー（96～97頁参照）の材料のひとつとして欠かせない存在です。やはり昔ながらの使用法である香味果実酒の香りづけにもよく，軽く炒めたラム料理やジャガイモ，ナスなどともよく合います。

**薬用**：西アフリカなどでは，便秘の刺激剤や利尿剤に使われています。
種は動物用の薬にも利用されています。

・パラダイスグレイン　ディル・

# ディル（イノンド）

　ディルという名前は，「なだめる」という意味の古代バイキング語，ディラに由来しています。その名の通り神経を落ち着かせ，また消化器系統の機能を助ける働きがあり，昔から西洋では赤ちゃんの腹痛やしゃっくりをとめるのに使われてきました。古くは葉と種の両方が利用されていて，中世には魔除けの薬草とか恋薬など神秘的な用途に使われた一方，調味料としても利用されはじめました。イギリスでは16世紀から栽培されるようになり，アメリカでは19世紀になってから普及しました。現在は主に北半球の国々で広く栽培されています。ディルの仲間でインディアンディルとよばれているもの（学名 *Anethum sowa*）もありますが，種が細長くまわりが白っぽいことでディルと区別がつきます。味も微妙に違っています。

*Anethum graveolens*
羽根のように細かく分かれた葉と小さな種の集まりが特徴

**種（ホール）**
全体に平たい楕円形で茶色く，縁は薄茶色。表面に5本の線がはいり，そのうち2本は太くなっている。1万個集めても，やっと25gになるくらい軽い

**葉（ディルウィード）**
香りがよく，少量のアニスと一緒にサラダやビネガー，ピクルス，魚料理などに加える

花　香りのいい小さな黄色い花は，夏の終わりごろにたくさんの細かい種になる

**種（粉末）**　ホールの種を砕いたもの

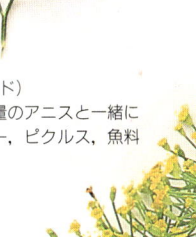

**精油**　加工食品の味つけ用

### 植物について
**分布**：ロシア南部と地中海地方に原生しています。現在ではおもにポーランド，ロシア，スカンジナビア半島，トルコ，イギリスなどで生産しています。
**特徴**：高さ1mほどになる頑丈な一年草で，夏になると小さな黄色い花をたくさん咲かせます。砂地に生え，太陽の光をたいへん好みます。
**収穫**：質のいい葉を収穫するには，花が咲く前に摘み取らなくてはなりません。種は，実が黄色っぽい茶色に変わり始めるまで，充分に熟すのを待ってから収穫します。
**味と香り**：香りは少しキャラウェイに似ています。辛くてわずかにピリッと鋭い味がし，種だけを噛むと口の中にしばらくの間味が残ります。いやな味を消す，口の中の清涼剤としてはおあつらえむきのスパイスです。

### 利用法
**料理**：ディルを用いたキュウリのピクルス，別名ディルピクルスと呼ばれるものが大西洋に面した国々で広く作られています。スカンジナビア地方では葉と種の両方がジャガイモやシーフードの料理によく使われます。ポーランドや旧ソ連の国々ではスープやシチューに，フランスではケーキやペストリーにと，大活躍をしているスパイスのひとつです。
**薬用**：消化吸収の働きを助けるほか，母乳がよく出るためにも使われています。

・スパイス図鑑・

# セロリ（オランダミツバ）

*Apium graveolens*
夏に薄黄色をした花をたくさん咲かせ、やがてそれが緑色の種となる

　現在野菜として使われているセロリは，野生から改良されたものです。この野生のセロリとは，ヨーロッパでは海岸近くの沼地などに生えるごくありきたりの植物で，古代から薬用に使われてきました。ローマ時代には，強烈な苦味をもつにも関わらず，味つけ用に利用されましたが，葉が死者を弔う花輪にも使われていたために，不幸や死の象徴ともされていました。

　17世紀にはイタリアの庭師によって苦みをやわらげる改良がなされ，現在のようなセロリができあがりました。茎や葉のほかに種（セロリシード）や精油をとるなど，さまざまに利用され，セロリアックという変種の場合では，根も使われます。セロリシードは茎や葉そのものの風味をもつ料理の味つけ用のスパイスで，塩にセロリの風味をつけたセロリソルトというものもありますが，味が変わりやすく，日本では入手が困難です。

種（セロリシード）　長さは1〜1.5mmほどしかなく，75,000個も集めてやっと50gになるほど軽い。茶色ないし焦げ茶色で5本の薄茶の線がはいっていて，たまに茎の先がくっついたままのものもある。香りは生のセロリそのもの

粉末　ブラディマリーなどのカクテルとよく合うが，そのほかの用途ではほとんどの場合，粉末でなく小さな種を使う

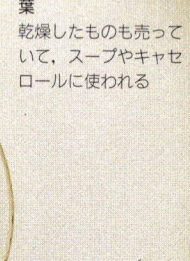

葉　乾燥したものも売っていて，スープやキャセロールに使われる

セロリソルト　塩を素材にしてセロリの精油で風味づけした調味料

精油　香り高い，風味のある味つけができる

茎　このままサラダにしたり炒めものにしたりして，独特の歯ざわりと苦みを楽しむ

### 植物について
**分布**：南ヨーロッパ原産で，現在ではスカンジナビア地方から北アフリカにかけての地域と，北アメリカ，インド北部などで広く生産されています。
**特徴**：セロリはセリ科の植物で，1.2mまで成長します。枝分かれした繊維の多い多肉質の茎と，暗緑色の葉が特徴です。
**収穫**：種をまいて最初の年は野菜として収穫し，その後は頭部を乾かし，振って種を収穫して使います。
**香りと味**：種はまさに生のセロリの茎と同じ香りがします。やわらかで少し苦味のある味で，ナツメグやパセリの風味を思わせます。

### 利用法
**料理**：セロリシードは食品業界ではピクルスやトマトケチャップ，トマトジュースなどによく使われています。スカンジナビア地方や旧ソ連の国々ではソースやスープにも入れます。ドレッシングに入れてサラダにかけると，冬は心地よく体が温まります。魚や卵の料理，シチューなどに入れたり，またはパン生地にふりかけて焼いてもいいでしょう。
**薬用**：19世紀まで，精油はリューマチの治療用の薬として使われていました。現在の研究ではぜんそくに効くとされ，また肝臓病や気管支炎，発熱，お腹の張りを直す薬などにも処方されています。セロリシードティーは心を落ち着かせ，安らかな眠りを誘う効果があります。

• セロリ マスタード •

# マスタード（カラシ）

かなりの昔から使われているなじみの深いスパイスで，使われ方も多種多様です。種を粉に挽いたものはワインを作るときに，グレープマスト（醱酵前のブドウ果汁）に加えて使われていました。そのためラテン語で「燃えるマスト」という意味の"mustum ardens"と呼ばれ，ここからマスタードの名が生まれました。すでに紀元1世紀には，ローマ人の作家プリニーによって「ピリッと火のように燃える」マスタードを使った40の治療法が紹介されています。

中世ヨーロッパでは，マスタードは庶民が普段の料理の味つけに使うことができた唯一のスパイスでした。15世紀末にはヴァスコ・ダ・ガマによって東方へと運ばれていき，そしてガマが持ち帰ったほかのエキゾチックなスパイスにおされてすこしづつ人気が落ちていったのです。

**Brassica類**
種はさやの中に入っている。さやの形は種類によっていろいろ変わる

**ホワイトマスタード**
薄い黄土色または黄色で，ほかのマスタードよりも種が大きく，辛みもあまり強くない。たいへん保存がきく種類

**和辛子**
ブラウンマスタードの一種で，日本料理の薬味として使われている

**ブラウンマスタード**
ブラックマスタードに似ているがこちらの方が辛みが弱め。生産量ではブラックマスタードをしのいでいる。ブラックとブラウンの名前がときどき混同されることがある

**ブラックマスタード**
現在では少量のみが生産されている

**粗挽き** 黄色い種を砕く程度に粗く挽いたもの

**粉末** 種を細かく挽いたもので，いろいろなブレンドマスタードに加えられる

**精油** 刺激が強く，軽い腐食性もある

### 植物について
**分布**：ブラックマスタードは南ヨーロッパと気候の温暖な西アジアの原産で，ブラウンマスタードの原産地はインドです。ホワイトマスタードはヨーロッパと北アメリカの広い範囲が原産地で，温帯地方のほとんどの国で生産されています。
**特徴**：マスタードはすべて一年草で，小さな黄色の花を咲かせます。ホワイトマスタードは高さ80cmほどになる丈夫な植物で，重たい砂混じりの粘土質の土壌を好みます。ブラックマスタードはもっと大きくなり，肥沃な土壌に適しています。その親戚のブラウンマスタードはほかのふたつに較べて小さく，薄い黄色の花を咲かせます。
**収穫**：さやが充分熟したらはじける前に摘み取り，束ねて乾燥させてから種を振り落します。
**香りと味**：ブラウンマスタードの種は，噛むとほのかな苦みのあとに刺激のある辛みが口の中に広がります。ホワイトマスタードの種は最初はとても甘く感じ，そのあとに穏やかな辛さを感じます。そしてブラックマスタードの種はとても刺激的な辛さです。また，ほかのスパイスに較べるとマスタード類の種にはほとんど香りがありません。

### 利用法
**料理**：ホワイトマスタードはブレンドしてピクルスのスパイスに使います。ブラウンマスタードの種は南インドの民族料理には欠かせないフレーバーで，普通は熱した油で炒めてナッツのような味を出してから使います。
**薬用**：現在では昔ほどは使われていませんが，吐き気をもよおさせる作用があるとされ，刺激剤や利尿剤として利用されることもあります。また，関節炎やリューマチにマスタードを塗り込んだ湿布をして治療する方法が昔から行なわれていました。ただし，刺激が強すぎるので肌が敏感な人はやめた方がいいでしょう。

・スパイス図鑑・

# ブレンドマスタード

　　西洋では昔から、マスタードは家庭ごとに種を乳鉢ですって、酢や蜂蜜などでのばしたりほかのスパイスと混ぜたりして使われていました。やがて酢やソースの業者がこれを製品化し、フランスでは美食家バーガンディ侯の力添えでディジョンの町でマスタード製造が盛んに行なわれるようになりました。そしてブラックマスタードやブラウンマスタードを石臼で砕き、ブドウの果汁でのばしたペーストが、町の小さな工場で作られるようになり、17世紀になると錠剤に固める方法も考えだされました。1720年代には種を細かな粉末にする方法が開発され、保

**イングリッシュマスタード**
粉末のマスタードを水でとき、味が深まるまで10分ほどおいておく

**ボルドーマスタード**
ディジョンマスタードとともにフランスで作られている。ディジョンマスタードよりも茶色っぽく、ほのかな甘みがあるマイルドで微妙な味わいが特徴。タラゴンなどのハーブで味つけすることもある

**ディジョンマスタード**
色が薄く滑らかで、さわやかな味。ブラウンマスタードの種の粉末に水と白ワイン、塩、そのほかのスパイスを加えたもので、ディジョンだけでなく世界中で作られている。ディジョンの町では今でもフランスのマスタードの約80%が生産されてマスタード産業の中心的地位を保ち、純粋なディジョン産のものは別格として扱われている

**アメリカンマスタード**
ホットドッグやハンバーガーに欠かせないマスタード。普通はホワイトマスタードで作られ、明るい黄色をしていて、マイルドでさわやかな味が特徴。アメリカではハムとよく合うスイートマスタードも好まれている

**ジャーマンマスタード**
どちらかというと甘く、ドイツのソーセージによく合う。ハーブやほかのスパイスが加えてあることもある。ドイツではデュッセルドルフがマスタードの町として知られている

## ・ブレンドマスタード・

存がきくために人気を博しました。現在はさらに技術が進歩し，品質のいい粉末が作られています。

今はいろいろなタイプのマスタードを店で見ることができます。ハーブやチリ，ペパーの実などのスパイスと混ぜたもの，柑橘類やベリー類の果物を練り込んだもの，シャンパンやシェリー酒でのばしたもの，そしてホールの実が入った粒入りマスタードなど。味の方もマイルドなものからカッカと燃えるようなもの，ほのかな香りを楽しめるもの，涙が出るほど刺激的なものなどさまざまです。

ハーブマスタード
滑らかでマイルドなフレンチマスタードで，ミックスハーブで軽く風味づけされている

シャンサックマスタード
焦げ茶色で滑らかな，香りのいいマスタード。フェンネルの種で味つけされている

ボジョレマスタード
粗挽きのマスタードの種と赤ワインをブレンドした，美しいコケモモ色のマスタード

シャンパーニュマスタード
シャンパンでのばした，薄い色の滑らかなマスタード。マイルドな味で，スパイスのきいた料理によく合う

レッドマスタード
ホール（粒）のマスタードの種とチリのブレンドで，ぴりっとした辛さが甘口の料理の味を引き立てる

粒（ホールグレイン）入りマスタード
イギリスのマスタードで，ホールのマスタードの種が入っている

ハニーマスタード
粗挽きのマスタードの種，蜂蜜，黒砂糖，酢，スパイス類が入った甘いブレンドマスタード

・スパイス図鑑・

# チリ（トウガラシ）

C. frutescens

C. annuum

トウガラシ属の植物の多くがチリとして利用され，形や大きさ，色も味もさまざまなものがあります。原産地は中央アメリカ，南アメリカおよび西インド諸島で，何千年も前から栽培され，この地域がスペインに征服されてから世界に紹介されるようになりました。コロンブスは，「カリブのエスパニョラ島にはアクシ（インディアンの言葉でチリのこと）というペパーよりも強い味のスパイスがあり，現地の人々の食事にはこれが欠かせない」と書き残しています。また，1495年のコロンブスの第二の航海では，同行したクネオ卿が，「この島々にはバラのように生い茂る植物があり，実の長さはシナモンくらいでペパーのような種がつまっている。カリブ人とインディアンはこの果物を我々がリンゴをかじるように食べている」と書いています。

1569年には医者のニコラス・モナードが，新大陸の植物について著した本の中で，スペインで人気の出たチリに多くの頁を割いています。17世紀のハーバリスト，ジョン・ホプキンスの本には，スペインやイタリアではチリが家々の窓辺に鉢植えにされていると書かれ，いかに南欧の人々の生活に浸透してきたかがうかがえます。彼はさらに20種のチリを紹介し，形はオリーブやサクランボに似たり，あるいはハート形や槍形で，しわだらけだと表現しています。

今日では熱帯全土でおよそ200種類のチリが認められ，赤やオレンジ，黄，紫などに熟した実や，まだ緑色の未熟な実などが利用されています。生のチリを買うときには，カリッとしたしわのないものを選ぶのがコツです。また，熟した実を乾燥させたものや砕いたもの，フレーク状，粉末のものなどもあり，さらにいろいろな商品形態をとっています（28頁参照）。ペパーやジンジャー，ターメリック同様，現在最も広い地域で生産されているスパイスのひとつです。

カスカベル　ハラペーニョ　アンチョ　メキシコのチリ　セラノ　チリセコ

メキシコのチリ
小さくてピリッと刺激的な，未熟な緑色のチリは，メキシコ料理には欠かせない。乾燥したものではアンチョ，パシラ，グアヒーロ，チポットル，カスカベルといった種類が多く出回っている

### 植物について

**分布**：最大輸出国であるインドのほか，メキシコ，中国，日本，インドネシア，タイなどで生産されています。これらの国々はまた，国内でも大量に消費しています。スリランカやマレーシア，アメリカは他国から多く輸入しています。

**特徴**：熱帯の標高0〜2000mにわたる広い地域で生産されています。温帯でも育ちますが，霜に弱いので，種のときから温室で育て，ある程度に育ってから植え替えなくてはなりません。ピーマンやヤツブサ，シシトウガラシ，パプリカなど一年草のC. annuumと，カイエンペパーなど多年草の低木C. frutes-censはもともと同一種と考えられ，しばしば混同されています。C. annuumは高さ30cm〜1mに育ちます。C. frutescensは2mほどになり，小さくてピリッと辛い実をつけるものはほとんどがこの種類です。

**収穫**：グリーンチリは植えてから3カ月ほど後に収穫しますが，そのほかのものは熟すまで待ちます。熟したものから順に，3カ月くらいにわたって収穫し，天日で，あるいは人工的に乾燥させます。多年生のものは1年を越すと実が小さくなり辛みも減るので，普通は1年単位で育てます。

**香りと味**：香りはあまりありませんが，味はマイルドなものからホットなもの，燃えるように刺激的なものまでいろいろです。一般的には大きくて丸く，多肉質のものほどマイルドで，小さくて皮が薄くとがったものは辛いとされています。チリをピリッとさせているのは，種や筋および皮に含まれているカプサイシンという物質で，この量は種類と成熟度によって異なります。筋と種を取り除くことで辛みを減らすこともできます。

# • チリ •

グインディラ

モロン

スペインのチリ
ほどよい辛みのある薫製のチリで，スペイン料理には欠かせない。ニョーラ，ロメスコ，それにチョリセロといった種類は塩ダラのビズカイナ風やロメスコソース，チョリソなどの料理の味つけの主役ともいえる

ニョーラ

スモールチリ

カイエンペパー
細長くとてもホットなチリ。手に入りやすい種類

酢づけのチリ
酢づけの黄緑色のチリ。ギリシャやトルコなどで酒のつまみに好まれている

生のレッドチリとグリーンチリ

ロンボク
先のとがった，強烈な辛みのあるレッドチリで，タバスコチリに似ている。インドネシア料理に使う

ハバネロチリ
西インド諸島原産のランプ形のチリ。色はさまざまで味はとてもホット

バーズアイチリ
長さは普通2cm以下と小さくてとがり，火ぶくれができそうにホットなチリ

## 利用法

料理：インドや東南アジアの米，メキシコの豆やトウモロコシ，南アメリカのキャッサバなど，熱帯地方では主食の味つけには欠かせません。カレーパウダーの辛みや，ピクルスのスパイスに，ペパーソースに，チリオイルやチリエッセンスなどにと，大活躍のスパイスです。エキスはジンジャービールなどの飲み物にも加えられています。

チリはとても刺激が強いので，扱う前には手をよく洗い，目や肌の敏感なところ，傷口などには触れないように注意しましょう（154～155頁参照）。

薬用：生のチリはビタミンCが豊富です。炭水化物の消化を助ける働きもあり，また強壮剤としても用いられます。ただし大量に服用すると胃や腸の炎症の原因になることがあります。場合によっては少量でも同じ状態になりますので，このようなときには，白いごはんや何もつけないパン，豆類などを食べて鎮めます。飲み物は焼ける感じをさらにひどくするので避けましょう。

## チリでつくられる調味料

**カイエン**
とてもピリピリする微細なパウダー。いろいろな種類の小さなチリの熟した実をブレンドしたもの

**チリフレーク**
乾燥したチリの実を砕いたもの。ソーセージやピクルス、ピザソース、パスタソースに使う

**パプリカ**
甘いなかにかすかに辛みがあり、ほのかに苦い後味が残る。パプリカグーラッシュなどハンガリーやバルカン地方の料理に欠かせない。スペインでも広く使われる

**チリパウダー**
レッドパウダーは乾燥したチリの実を挽いてつくる。右のダークパウダーの方は南西アメリカやメキシコの料理用にアメリカでつくられたもの。ほかのハーブやスパイスと混ぜて使われることも多いが、必ずしも辛みのために加えるわけでもない

**レッドペパー**
トルコの薬味で、トルコと南アメリカの一部でできる、少々ピリッとした種類のチリからつくる。色が暗いほど質がよいとされる。ローストすると味が濃くなり、色も右側のもののように暗くなる

**チリペースト**
いろいろな辛いソースの素になっている

**タバスコ** 世界中で有名なソース。赤トウガラシと酢とでできている

**ラー油（チリオイル）**
中国のピリピリする油。乾燥した赤トウガラシの実とゴマ油とを一緒に熱してつくる

**ペパーソース**
金色の辛いソースで、西インド諸島では食卓に出される薬味

**サンバル**
スパイシーでホットなソース。インドネシアの食卓に欠かせない

**レッドホットソース**
刺すように辛いマレーシアのソース。ショウガが甘みを加えている

・チリでつくられる調味料　キャラウェイ・

# キャラウェイ（ヒメウイキョウ）

　セリ科の植物で，古代から使われ，ヨーロッパでは中世から栽培されていました。紀元1世紀のローマの美食家アピシウスは，その著書のなかでキャラウェイで野菜料理の味つけをすることを勧め，また，キャラウェイとオレガノ，ミント，蜂蜜，酢，ワインなどを使った魚料理のソースについて書き記しています。中世ではスープに入れたり豆やキャベツの料理に使ったりしていたようです。また，当時は焼きリンゴにはキャラウェイを添えて出すのが普通で，ニンニクやコリアンダー，ペパーなどと混ぜて用いていた記録もあります。さらに，17世紀のハーバリスト，ジョン・パーキンソンは，キャラウェイの種をフルーツやパン，ケーキなどの焼いたものに加えて風味を添えると書いています。
　欧米で出されている東洋料理の本ではよくクミンと混同されているので注意しましょう。

*Carum carvi*
葉は羽根のようで，小さな白緑色の花をたくさん咲かせる

**種**
長さ4〜7mmのボート形で，堅い茶色の殻に5本の薄茶の筋がはいっている

**粉末**
キャラウェイはホールで使うことが多いが，粉末のものも売られている。家庭でも簡単にすりつぶして使える

**精油**
種の香りをたっぷり含んだ濃厚なオイル。数滴を小さじにとって水で薄めて飲むとおなかの張りをやわらげる働きがある

**パンとチーズ**
ドイツやオランダのライブレッドやチーズにはキャラウェイの種が入っていることがある

### 植物について

**分布**：原産地はアジアおよび北，中央ヨーロッパです。世界中のキャラウェイの種のほとんどはオランダで生産され，ドイツ，ポーランド，モロッコ，スカンジナビアの一部，および旧ソ連がこれに続きます。アメリカやカナダでも生産されています。

**特徴**：丈夫な二年生の植物で，高さは80cmほどになります。肥沃な軽い粘土質の土壌を好みます。

**収穫**：実が熟したら茎から切り取り，種を振り落として乾かします。種は夏の間中収穫できます。

**香りと味**：やわらかな味とほのかに苦い甘みがあります。フルーツや野菜と一緒に使うとレモンのような味がでます。

### 利用法

**料理**：中央ヨーロッパやユダヤの料理によく使われ，パンやソーセージ，ザワークラウト，キャベツ，スープ，チーズなどの味つけに用います。フランスのアルザス地方では，地元のミュンスターチーズに皿盛りのキャラウェイを添えて出すのが伝統となっています。フランスのほかの地方でも，種はパンの味つけ用に使われています。また，キャラウェイで味つけしたクンメルという酒もあります。

**薬用**：おなかの張りや腹痛，気管支炎に効くといわれています。

**その他の利用法**：精油はうがいや口の清浄用に，また香水や石鹸にも使われています。

・スパイス図鑑・

# カシア(ケイヒ, ニッケイ, ニッキ)

カシアは最も古いスパイスのひとつです。原産地はアッサム地方とミャンマー北部ですが，紀元前2700年の中国の植物誌にすでに名があがっています。聖書にも，モーセが神との会見の幕屋を清めるのに用いたスパイスのひとつとして登場しています（出エジプト記30章）。また，アラブとフェニキアの商人が，古代にカシアをヨーロッパに運び込んだ記録も残っています。カシアはクスノキ科の木の皮を乾燥したものでシナモンとは親戚筋にあたり，チャイニーズシナモンとも呼ばれています。アメリカなどではカシアをシナモンと称している場合もあり，世界中でシナモンと相互に使われています。日本ではどちらもニッキと呼ばれ親しまれてきました。カシアの方がシナモンよりも少し厚くざらざらとしていて，味はやや繊細さに欠けています。

*Cinnamomun cassia*
大きくて光沢のある葉をつけ，小さな淡い黄色の花を咲かせる

**樹皮**
簡単に割れ，平たく短いかけらで売られている。灰色の表皮は乾燥前に取り除いてあることもあり，内側は赤茶色で，色が薄くきめが細かいシナモンとは簡単に区別がつく

**粉末**
樹皮は非常に堅いので，普通商業ベースでは粉末にされている。味がピリッとしているほど，質がよいとされている

**精油**
加工食品の味つけ用に用いられるほか，鼻かぜをひいたとき呼吸を楽にするのに使われる

**実**
東洋では，まだ熟していない実を乾燥させて漬物に使うこともある。麝香のような甘い香りがある

**こし器**
樹皮または実を香りづけに使うときには，こし器にいれてこし出す

### 植物について
**分布**：中国やベトナム，インドネシア，中央アメリカおよびミャンマーで生産されています。
**特徴**：高さ3mほどになる熱帯常緑樹です。樹皮は外側が灰茶色でざらざらしていて，内側は赤茶色をしています。
**収穫**：樹皮をはがしやすい雨期に行ない，マットやネットの上で干して乾燥させます。乾いて丸まったものを長さ，香り，色などで等級づけします。
**香りと味**：シナモンと較べると強いのですが，芳しさに欠けるともいえます。ほのかに甘く，苦みがかった渋みをともないます。

### 利用法
**料理**：カシアは甘い味の料理よりも塩味の料理によく合うようです。中華料理には欠かせないスパイスで，粉末にしたものは五香粉（72～73頁参照）の成分のひとつとなっていますが，炒めものやスパイスソースの味つけにホールのものを加える場合もあります。そのほか，インドではカレーやピラフに，ドイツや旧ソ連ではチョコレートのフレーバーに，またいろいろな国で煮たフルーツ，特にリンゴの味つけにと，幅広く利用されています。モロッコのクスクスやオオムギなどの穀類や，皮をむいた干しエンドウ，レンズ豆などと一緒に使ってみると楽しめます。

**薬用**：強壮剤として処方されるほか，下痢，吐き気，おなかの張りなどにも効果的です。
**その他の利用法**：砕いてポプリに入れてもいいでしょう。

・カシア　シナモン・

# シナモン（ニッケイ，ニッキ）

15〜16世紀の大航海時代，探検家たちが探し求めた最初のスパイスのひとつです。シナモンはスリランカ原産のクスノキ科の木の樹皮を乾燥させたもので，聖書にも古代エジプトで使われていたという記述がありますが，スリランカでの記録は13世紀までないので，これはカシアのことではないかと思われます。1636年，オランダ人はスリランカのポルトガル人を追い出し，野生のシナモンの栽培を始めました。栽培は順調で，母国オランダでは高価格を維持するために余剰分を燃やしさえしていました。そして1796年にイギリス東インド会社にとって代わられるまで，この地でスパイスの独占貿易を続けていました。1770年代にはいってからは，シナモンはジャワやインド，セイシェル諸島にも移され，各地で競って商われる品となりました。

*Cinnamomum verum*
光沢のある葉と淡黄色の花，暗い青色の果実が特徴

**シナモンスティック**
幹のいちばん外側の，いちばん長く良質の樹皮でつくられる。樹皮を手で巻いて端をくっつけ，完全に乾いて日焼け色になり，滑らかでカリカリになるまで毎日巻きぐせをつけるようにする

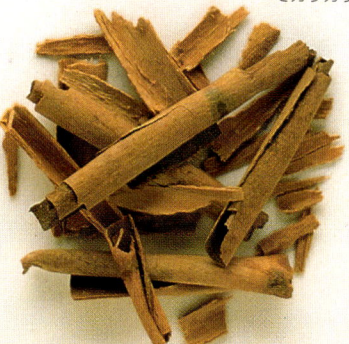

**スティックを砕いたもの**
これが，大きなスティックの中に巻きこまれていることもある

**粉末**
カシアに較べると色も薄く，きめが細かいので，簡単に区別がつく

**精油**
加工食品やソフトドリンク業界で広く使われる。風邪のときに呼吸を楽にするのにも利用される

### 植物について
**分布**：最大生産国は現在でもスリランカで，ほかにインドやブラジル，インドネシア，西インド諸島，インド洋の島々でも生産されています。最大輸出国もスリランカで，次にセイシェル諸島が続いています。スリランカのシナモンが最上とされています。
**特徴**：野生では高さ10mにもなる常緑樹ですが，収穫しやすいように背の低い木も栽培されています。熱帯の海岸沿いの低地に育ち，砂混じりの土壌を好みます。
**収穫**：収穫は雨期で，スリランカでは5〜6月および10〜11月にかけて行なわれます。いちばん最初に収穫した樹皮は厚くて質が劣り，はがし取る回数を重ねるにしたがって質のいいものがとれるようになります。また，幹の中心から出る細い枝が最上のシナモンとなります。収穫したあとはスティックに切り，日にあたって湾曲するのを避けるために陰干しします。
**香りと味**：やさしくほのかな甘みがあり，木のような，デリケートながら独特の香りがあります。

### 利用法
**料理**：甘い料理にも辛い料理にもむいていますが，モロッコのタジンやイランのコーラックなど，羊肉を使う料理に特に合います。また，シナモントーストはもちろん，フルーツコンポート（特に洋ナシ），チョコレートのデザート，ケーキ，飲み物などにもどんどん使ってみましょう。昔はフレーバーエールや香味果実酒の香りづけによく利用され，現在も香味果実酒用のスパイスのひとつとなっています。
**その他の利用法**：お香や香玉，ポプリ（148〜151頁参照）などにもよく使われています。

・スパイス図鑑・

# コリアンダー（コエンドロ）

*Coriandrum sativum*
根元近くの葉は幅広で平べったく、上部の葉は羽根のように細くなっている

地中海地方が原産ですが、現在では世界中で栽培されています。歴史は古く、紀元前1550年の医学書『エーベルス・パピルス』やサンスクリットの書物などに料理法や薬としての使い方が記されています。聖書にも登場し、神がイスラエルの民に与えた食べ物マナについて、コエンドロの種のように白いと形容しています（出エジプト記16章31節）。また、ギリシャの医学の父ヒポクラテスはコリアンダーを薬として使っていたということで、このころ、ローマ人によってヨーロッパ中に広められたのです。アメリカに最初に持ち込まれたスパイスのひとつでもあり、1670年以前はマサチューセッツで栽培されていました。

葉はハーブとして南アジアや南アメリカで盛んに使われ、実はスパイスとして利用されます。葉と実とは香りも味もかなり異なりますが、生産国ではどちらの需要も高くなっています。

**ホール（モロッコ）**
インドのものよりも手に入りやすい。直径3〜4mmの小さな球形で表面に筋がある

**粉末（モロッコ）**
ホールの種は砕けやすいので、家庭で簡単に挽いて粉にすることができる

**葉**
中近東やアジアの料理の香りづけや飾りによく使われる

**ホール（インド）**
モロッコのものに較べると香りに甘みがある

**粉末（インド）**
インドでは普通、煎って香りをひきたててから粉に挽く

**精油**
消化を助けるとされている

### 植物について

**分布**：生産は小規模で行なわれることが多いのですが、インドやイラン、中近東、旧ソ連、アメリカ、中央および南アメリカなどでは大量に生産されています。

**特徴**：高さ30〜80cmほどになる一年生の植物で、日光を好み、白またはピンクの小さな花を咲かせます。

**収穫**：実が充分熟してから、割れないように露と一緒に摘み取ります。干して乾燥させてから、竿などで打ってふるいにかけます。種は袋に入れて保存します。

**香りと味**：葉や未熟果には強い香りがありますが、果実が熟すと香りは甘くなり、スパイシーで、木の香りにペパーの風味が加わったような匂いになります。味は甘くマイルドで、オレンジの皮を思い出させるような独特のものです。

### 利用法

**料理**：甘い料理にも辛い料理にもよく合い、カレー粉にも欠かせない材料です。中近東では挽き肉料理やソーセージ、シチューなどに、ヨーロッパやアメリカではピクルスやオーブン料理用のスパイスとして人気があります。古典的なフランス料理に、ア・ラ・グレックというコリアンダーを味つけに使うものもあります。精油はチョコレートやリキュールその他の飲み物にも使われています。

**薬用**：種と精油は共に頭痛や消化不良の薬として使われています。

**その他の利用法**：精油はお香や香水にも利用されています。

# サフラン

　最も高価なスパイスで，やはり高価なバニラの10倍，カルダモンの50倍もの値がついています。利用するのは干した糸状の雌しべで，2万本集めてやっと125gにしかならない小さなものです。ひとつの花から3本しか取れず，しかも手で摘み取らなくてはならないので高価になってしまうのです。最初は，小アジアで栽培されていたと考えられ，東地中海地方の古代文明の記録にたびたび登場します。エジプト人やローマ人も料理や酒の色づけの目的や，香水，薬などに幅広く利用していたようです。やがて7世紀ごろまでに，中国でも知られるようになり，薬効や香りづけに使われるようになりました。10世紀にはスペインでも栽培され始めますが，これはおそらくアラビア人たちによって運ばれたのだろうと考えられます。11世紀にはフランスやドイツにも広まり，14世紀にはイギリスにも渡ります。この長い間ずっと，サフランは高値で取り引きされ，混ぜ物をしたりした者には，死刑をも含む極刑が課せられたほどです。

*Crocus sativus*
秋になるとユリに似た青紫のかわいい花を咲かせる

**雌しべの花糸**　鮮やかな赤がかかったオレンジあるいは黄色で，長さ2.5cmほどの針金のようなとても軽いもの。深い色をしているほどいいとされる

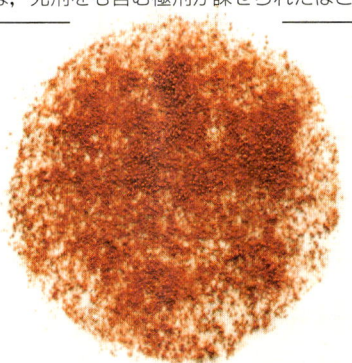

**粉末**　ほかのスパイスや調味料と混ぜると便利。混ぜ物の心配があるので，糸状のものを購入して家庭で粉に挽いた方がいい

サフラワー（ベニバナ）
*Carthamus tinctorius*

ニセサフランなどとも呼ばれ，中国やインド，中近東およびメキシコで栽培されている。悪質な業者はこれをサフランと偽って売っていることもある。色はサフランに似ているが鮮やかさに欠け，サフランよりもオレンジがかっているのが特徴。値段はサフランの数分の1にすぎず，着色には使えるが味つけにはむいていない

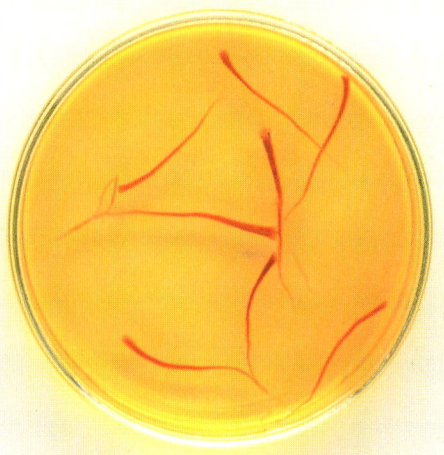

**浸出液**　均等に色づけしたい場合は，雌しべを少量の湯に浸し，雌しべごとこの湯を使うといい

**染料**　古代から，染料として利用されていた

**サフランバンズ**　マイルドに味つけした伝統的なお菓子。（139頁のサフランブレッドも参照のこと）

---

### 植物について

**分布**：主要生産国はスペインやギリシャ，フランス，トルコ，イラン，モロッコおよびインドのカシミール地方などです。スペインのラ・マンチャのものが最上とされています。

**特徴**：多年生の植物で，球根を夏の半ばから終わりごろにかけて植えると高さ15cmほどに育ちます。日光と，水はけのいい砂混じりの土壌を好みます。

**収穫**：秋ごろに花びらが開いたら花を摘み取り，手で雌しべを取って乾かします。

**香りと味**：口の中に長く残る独特の香りで，刺激と苦みもありますが芳しい風味です。少量でたっぷりの料理を味つけでき，料理を美しい金色に染めます。

### 利用法

**料理**：サフランは昔はソースやスープ，レント（キリスト教の四旬節）の料理などによく使われていました。今は昔に較べると需要が減っていますが，スペインではサルスエラ，パエリヤなどの魚料理や米料理には欠かせないスパイスです。フランスでは魚料理，特にブイヤベースに使われ，イタリアではリゾットを作るのに利用されています。イギリスにはサフランケーキというお菓子もあり，また，シャルトリューズなどのリキュールにもサフランが入れられています。

**薬用**：インドでは利尿剤のほか，消化器官の疾患に利用されています。ビタミン$B_2$（リボフラビン）を多く含んでいます。

・スパイス図鑑・

# クミン

*Cuminum cyminum*
白あるいは淡いピンクの小さな花を咲かせる

　代表的なスパイスのひとつで，インドや北アフリカ，中近東，メキシコ，アメリカなどでさまざまな料理の風味づけに使われます。昔は中部および東ヨーロッパでオーブン料理に使われましたが，現在のヨーロッパではほとんど使われていません。よくキャラウェイと間違えられますが，ヒンズー語でクミンはジェーラ，インドではほとんど使われていないキャラウェイはシアジェーラといい，ふたつの名が正確に訳されなかったために混乱が起こったと思われます。ブラッククミン（カラジェーラ）は，カシミールやパキスタン，イランなどに成育するクミンの珍種でブラックキャラウェイとも呼ばれ，主に北インド料理やムガール料理に使われています。ブラックキャラウェイという名のニゲラ（48頁参照）もありますが，まったく別物です。

種　長さ5～6mmの楕円形で縦に筋がはいり，堅い毛が少し生えている。薄茶色のものが多いが，まれに緑や灰色をおびたものもある

精油　スミレやスズラン，ヒヤシンスの香りをつけるためにも利用される

ブラッククミン
普通のクミンより種は小さく，甘い香りがする

粉末
粉末のクミンとコリアンダーの葉の香りは，インド料理独特の香りといえる

カレーパウダー　クミンはカレーパウダーの主要材料のひとつ（80～81頁参照）

ブラッククミンの粉末
ブラッククミンの味はクミンとキャラウェイの中間といったところで，香りは干し草に似ている

### 植物について
**分布**：もともとはナイル川上流に原生していましたが，やがて北アフリカや小アジア，インド，インドネシア，中国などで栽培されるようになりました。また，北アフリカからはスペインを経て，アメリカにも持ち込まれました。
**特徴**：暑い気候に適した一年生の植物で，高さはおよそ30cmほどになり，よく茂ります。
**収穫**：種が黄色に変わり始めたら茎を刈り取り，種を振り落として天日で乾かします。
**香りと味**：強くはっきりとして，少々きつく深い香りです。種にはわずかな苦みがあり，ピリッと鋭い辛みがしばらく口に残ります。

### 利用法
**料理**：インドでは普通，使う前に煎って味をひきたてます。ガラムマサラ（84～85頁参照）やパンチフォロン（82～83頁参照）などのミックススパイスには欠かせない材料で，ピクルスやサラダに，そして薬味としても使われます。北アフリカではラセラヌー（96～97頁参照）の材料で，メルグエズ・ソーセージやさまざまなクスクス料理に使われています。さらに東のアラブ諸国やトルコでは，粉末のクミンを挽き肉料理や野菜の料理に加えます。スペインではシナモンやサフランと一緒にシチューに入れ，アメリカのテキサス州ではチリコンカンにも使われています。

**薬用**：インドでは下痢やおなかの張り，消化不良などの薬として使われています。

# ターメリック(ウコン)

ショウガ科の植物で塊茎を利用し，麝香のような香りと美しい金色が好まれ，南アジアで広く使われています。マルコ・ポーロは旅先でターメリックに出会い，「果実がサフランに似ていて，種類は全然違うが充分代用にできる」と書き残しています。彼はサフランの代用品としての西洋でのターメリックの人気を予感していたことになります。

ターメリックの取り引きはホール（加工しないそのままの形）でなされ，消費国では粉末にして売られています。西洋のオリエンタルショップなどでは生のものも見られます。

東洋の国々では長いこと染料として利用され，また，魔力をもつと信じられています。太平洋の多くの島々では身につけて悪魔除けにしています。

*Curcuma longa*
大きな葉があり，穂状の花を咲かせる

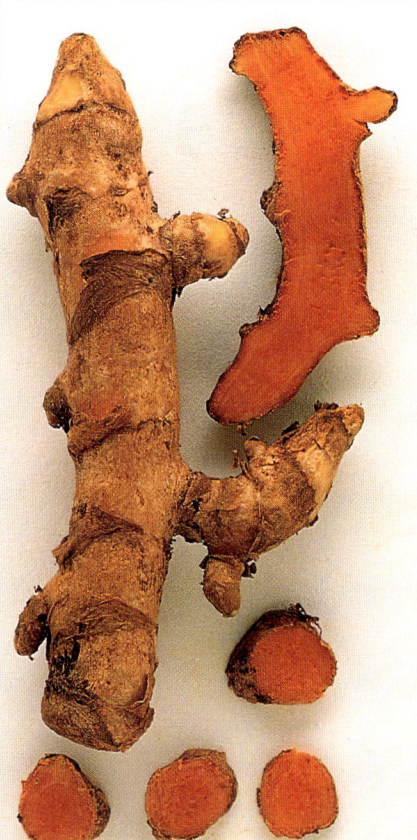

**生の塊茎**
質のいい塊茎は粗く節くれだっていて，色は薄茶色で内側は鮮やかなオレンジ色をしている。太い根茎からいくつかの切り株のような偽茎が枝分かれしているものが最良

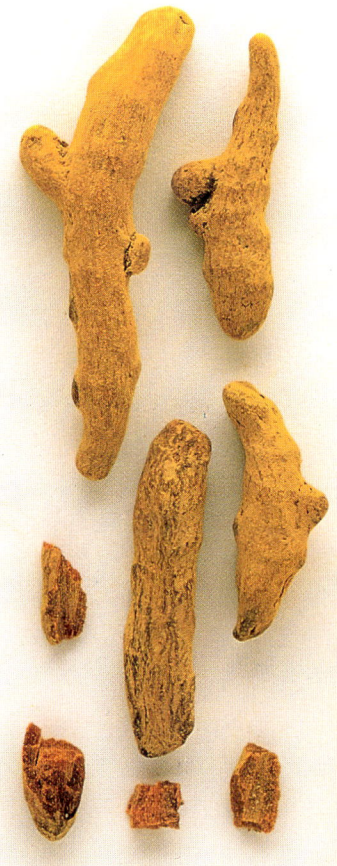

**乾燥した塊茎**
輸出用には乾燥させたものが取り引きされる。重さは生のものの4分の1ほどになる

**粉末**
ほとんどはこの状態で売られている。深い色のものほどいいスパイスとなる

**染める** 美しい黄金色に仕上がる

## 植物について

**分布**：主要輸出国のインドのほか，インドネシア，中国，バングラデシュ，南アメリカおよびカリブ海の国々で生産されています。

**特徴**：丈夫な多年生の植物で，高さ1mほどになります。普通は前の年の根茎から切り取った切り株状の偽茎で増やします。高温多湿の気候を好みます。

**収穫**：根塊全体を，傷つけないように気をつけて掘り出し，ゆでるか蒸すかしてから乾燥させます。ざらざらした茶色の外皮をむくと，滑らかな橙黄色の肌が現れます。

**香りと味**：オレンジとジンジャーの混じったような刺激的でフレッシュな香りがかすかにします。味はピリッとして苦みがあり，麝香にも似ています。

## 利用法

**料理**：カレーパウダーに欠かせない材料で，南アジア料理にもよく使われます。カレーパウダーの黄色はターメリックの色です。インドのベジタリアン料理にはよく利用され，豆類の料理にも欠くことができません。西洋では市販のソースや加工食品に使われ，ブレンドマスタードに入っていることもあります。

**薬用**：アジアでは強壮剤や肝臓の治療に使われます。また，軟膏に混ぜて皮膚の疾患に使うこともあります。

・スパイス図鑑・

# ゼドアリー（ガジュツ）

香り高いターメリックの仲間で，インドおよびインドネシアの原産です。6世紀にアラブの商人によってヨーロッパに運び込まれ，中世には薬や香水の原料にともてはやされました。中国では唐の時代に，皇帝が通る道にはゼドアリーの粉やサフランとしょうのうの粉がまかれたといいます。

利用するのは大きく多肉質の黄色い根茎で，これをスライスして乾かしたものが東南アジアの料理にはよく使われています。また，根茎から淡い黄色の精油も取れます。ジンジャーの仲間で同じような薬効があり，東洋では消化器系統の薬としても使われています。現在の西洋ではゼドアリーはほとんど無名で，ジンジャーが代用品として使われています。

*Curcuma zedoaria*
大きな葉と赤または緑の苞，そして黄色い花が特徴

**スライス**
干した根茎をスライスしたものは灰色がかった茶色をしていて，直径は2〜4cmほど。きめは粗く繊維質

**粉末**
ドライジンジャーの粉末と同じように使うが，ゼドアリーの方が苦みがある

**スウェディッシュビター**
ハーブで作った強壮剤で，ゼドアリーエキス入り

**香水**
インドでは香水として使われている

### 植物について

**分布**：東南アジアの亜熱帯雨林地域で栽培されていますが，輸出や輸入はほとんど行なわれていません。

**特徴**：根茎には細長いものと丸いものがあります。モンスーンのはじめに，根茎を小さく切ったものを耕した畑に植えて育てます。利用できるまでには2年かかり，高さ1mほどに育ちます。

**収穫**：ターメリックの収穫の方法（35頁参照）とよく似ていて，根茎をスライスして乾燥させます。

**香りと味**：麝香としょうのうが混じったような，心地いい香りがします。ローズマリーの香りにも少し似ています。味はジンジャーに似てピリッとして，少し苦みがあります。

### 利用法

**料理**：生産国では薬味として使われるほか，ターメリックとかドライジンジャーの代用としてもよく利用されています。南インド料理やインドネシア料理など，鶏肉や羊肉を使った料理によく合います。インドネシアでは若枝も食用とされ，葉も魚の味つけに使われています。

**薬用**：澱粉質に富んで刺激性があり，インドでは赤ちゃんや虚弱体質の人に処方されています。ペパーやシナモン，蜂蜜と混ぜて，風邪薬としても使われています。

・ゼドアリー　レモングラス・

# レモングラス

　東南アジア全土に生える，ススキのような背の高い植物で，根元がふっくらと丸みをおび，葉をちぎって揉むとレモンのようなさわやかな香りがします。東南アジアでは茎の根元の部分を料理に利用し，タイ，マレーシア，インドネシア料理になんともいえない独特の魅力的な味わいを加えています。西洋のスーパーマーケットでも生のレモングラスを見かけることがあり，またオリエンタルショップでも生や乾燥したもの，粉末などのレモングラスが売られています。スレイというインドネシア語の名で出ていることもあります。家庭でも比較的簡単に育てることができ，少し根の残っているものを選んで購入し，水栽培にするとすぐに根が生えてくるので，大きめの鉢に植え替えてやります。また，最近は苗をおいてある園芸店もあるようです。

*Cymbopogon citratus*
薄緑色の葉は細長く繊維質で，根元は丸みをおびています

**生の茎**　茎は肉が厚く繊維質で，長ネギよりも少し長め。細かく切ってそのまま料理に加える

**ドライストリップ**
干したレモングラスを，くるりとカールした断片に加工してレモンの皮のように見せたもの

**乾燥した葉**
堅く繊維質で，香りはあまりない

**粉末**
ほんの少量をそのまま料理に加える

### 植物について
**分布**：熱帯アジア原産で，現在はアフリカや南アメリカ，オーストラリア，フロリダ，カリフォルニアなどでも生産されています。
**特徴**：密生して群生する多年生の植物で，暑くて日当たりがよく，ときどき雨の降るような気候を好みます。砂混じりの土壌で育ったものからは多量の精油がとれます。
**収穫**：3～4カ月おきに収穫します。
**香りと味**：レモンにも含まれているシトラールという成分を含み，人工のレモンフレーバーを作るのに使われます。乾燥したレモングラスの香りには生のもののさわやかさがないので，生のレモングラスが手に入らないときには，レモンバームというハーブやレモンの皮を使うといいでしょう。

### 利用法
**料理**：東南アジアではごく一般的に使われている材料です。ホールやスライスをコンソメスープに入れたり，ペースト状にしたものをほかの材料と混ぜてシチューに入れたりします。煮ても繊維が残るので無理に食べずに風味づけとして使った方がいいでしょう。ガーリックやエシャロット，チリ，生のコリアンダーなどと相性がよく，これらのスパイスと一緒に魚貝や鶏肉，豚肉の料理の味つけをするのにむいています。
**薬用**：昔はおなかの張りをやわらげるのに使われ，また鎮静剤としても使われていました。
**その他の利用法**：水蒸気蒸留してとれる精油は香水の材料に使われます。

・スパイス図鑑・

# カルダモン

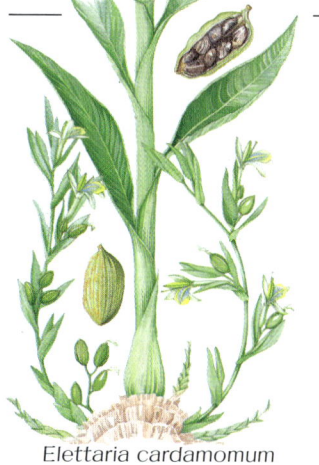

*Elettaria cardamomum*
短い花茎が出て，花が咲いた後に小さな楕円形の実がなる

世界で最も古いスパイスのひとつ。また，サフラン，バニラに続いて3番目に高価なものです。カルダモンの種はキリストの誕生よりもずっと以前からインドで珍重されていて，だんだんと隊商ルートをたどってヨーロッパに持ち込まれました。古代ローマや古代ギリシャでは消化剤や口臭消し，香水の原料としても珍重されていました。インドでは経済的な重要度のうえでスパイスの王といわれるペパーに次いで，スパイスの女王と呼ばれています。

アラビアの砂漠の遊牧民ベドウィン族愛用のスパイスで，彼らはカルダモンコーヒーをいれて客をもてなしますが，まず使用するカルダモンを見せるのが習わしになっています。ふっくらした傷のない，質のいいカルダモンを使っていますという，歓迎の心を表しているのです。

**グリーンカルダモン** 一番良質とされている。長さ5～10mmの楕円形のさやの中に黒または焦げ茶の香りのいい種が12～20個入っている

**ホワイトカルダモン** グリーンカルダモンを漂白したものだが，見た目はこちらの方がいいとするむきもある

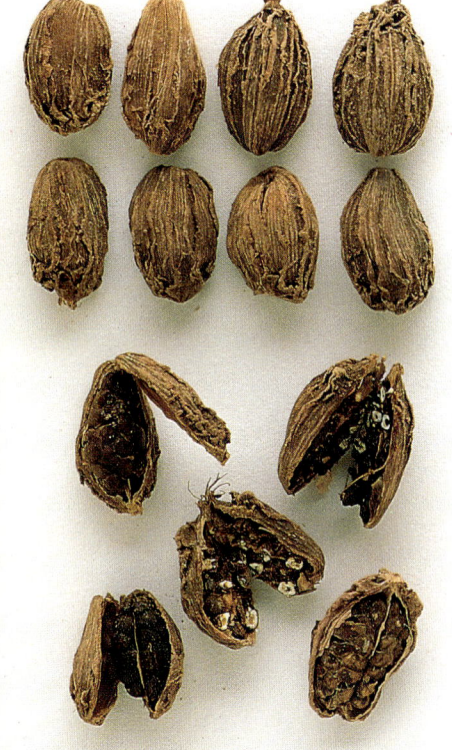

**ブラウンカルダモン** 純粋のカルダモンではない。さやは長さ2.5cmほどでざらざらし，味も粗野。40～50個の種が入っている

**種** 暗い色で，粘りけがあるものもある。レモンのようなさわやかな香りがする

**種** 色は黒から薄茶色。シャープでさわやかな味がする

**種** 暗い色で堅く，粘りけがある。しょうのうに似た香りがある

## 植物について

**分布**：南インドやスリランカの，標高750～1500mの熱帯雨林地域に育ちます。現在ではグァテマラやタンザニア，ベトナムなどでも生産されていますが，南インドのケララ産のグリーンカルダモンが品質や価格の標準となっています。国際取り引きされる際はホールが普通で，緑色のグリーンカルダモン，二酸化硫黄で漂白したホワイトカルダモン，日に干してわらのような色になったもの，さやから出した種だけのものなどさまざまあります。インドではグリーンカルダモンを主に，少量のホワイトカルダモンを輸出し，グァテマラとスリランカではグリーンのみ，タンザニアでは日干しにしたものだけを輸出しています。

**特徴**：多年生の灌木で，ショウガ科の植物です。成長すると2～5mになります。

**収穫**：植えて3年ほどたってから，最初の小規模な収穫をし，その後は10～15年にわたって収穫できます。9～12月になると実が熟しているので，さやが開く直前に数週間おきに摘み取り，摘み取ったものは天日に干したり乾燥室で乾燥させます。さやは乾燥させると堅くなりますが，緑色がなるべく残っているものが最高品とされています。

## ・カルダモン・

　純粋のカルダモン（学名 *Elettaria cardamomum*）のほかに，*Amomum* 属や *Aframomum* 属の植物の種が代用品として安く売られています。*Amomum subulatum* はインドやネパールの東ヒマラヤ地方原産の多年生のカルダモンで，高さは2mくらいになります。筋のはいった三角形の実は深い赤色に熟し，干すと焦げ茶ないし黒色になります。また，*Amomum globosum* は中国産の丸いカルダモンで，焦げ茶色で毛が少し生え，中華食品店などで見かけます。東南アジアではジャワ産の種類がよく使われているほか，タイの *Amomum* 種も取り引きされています。また，エチオピア産の *Aframomum korarima* はグリーンカルダモンの代わりに使われているもののひとつです。こんな純粋ではないカルダモンには少々しょうのうのような香りがあります。

**粉末**
混ぜ物をされていることが多いので，家庭で粉に挽いた方がいい

**精油**
香水やリキュール，エールなどに使われている

**ガラムマサラ**
カルダモンはインド料理に不可欠で，ガラムマサラの主材料のひとつ（84〜85頁参照）

**カルダモンコーヒー**
カルダモンで味つけしたコーヒー。中近東で好まれている

**香りと味**：豊かな芳香があり，種を口に含むと刺すようなしょうのうのような香りがし，長いこと苦みが残りますが，快い刺激もあります。

**利用法**

**料理**：甘い料理にも辛い料理にもよく合います。さやは食べずに，小さくて堅い，香りのいい種を使います。インドではガラムマサラやカレーパウダー，砂糖漬け，ペストリー，プディング，アイスクリームなどに使われています。アラブ諸国ではカルダモンコーヒーをいれるとき，さやごとコーヒーポットに入れて風味を出しているようです。また，スカンジナビア半島の国々はカルダモンの最大輸入国で，ケーキやペストリー，パンなどに使っています。

**薬用**：おなかが張ったり，しくしくと痛むようなときに服用するといいといわれています。種をいくつか口に含むと口臭防止にもなり，特にニンニク臭には効果的です。東インドや台湾ではキンマというコショウ科の植物の葉にビンロウジというヤシの種子を粉にしたものを巻いて嗜好品として噛みますが，同じキンマの葉，ビンロウジの種とカルダモンを混ぜたものが，インドで口臭消しや消化剤として使われています。

・スパイス図鑑・

# クローブ(チョウジ)

経済的にも重要なスパイスです。インドネシアのマルク諸島原産の常緑低木で、つぼみを乾燥させたものを利用します。最も古い記録は古代中国の文献に見られ、このころ、宮廷の廷臣や役人たちは、皇帝に話しかけるときにはクローブを口に含んで口臭を消したといいます。2世紀ごろ隊商によってアレクサンドリアへ運ばれ、だんだんヨーロッパでも使われるようになりました。16世紀にはクローブの取り引きはポルトガル人によって管理されていましたが、1605年にオランダ人がマルク諸島からポルトガル人を追い出し、ひとつの島以外のクローブ林を根絶やしにして生産管理を行なうようになりました。ところが1770年、フランス人がこの島からクローブの種を密輸し、モーリシャスやブルボンに持ち込みました。やがてザンジバルやマダガスカルでも栽培が行なわれるようになって現在に至り、主要輸出国とまでなりました。

*Eugenia caryophyllus*
枝の先に淡い紅色で筒形のつぼみがかたまってつく

**ホール**
茎が明るい赤茶色で、先が薄い赤茶色をしているものを選ぶ。ざらざらしていてポキッと折れるものが良質で、このようなものは爪でつぶすと油分がにじみ出てくる

**クローブのこし器**
つぼみを入れずに味だけを出したいときには、このような容器に入れてこし出すといい

**クローブオレンジ** 西洋では昔からオレンジに刺してタンスの芳香剤にした(149頁参照)

**粉末**
インドのミックススパイス、ガラムマサラの材料のひとつ

**精油**
防腐や鎮痛効果があり、薄めて口臭消しやうがい薬としても利用する。歯ぐきにすりこむと歯痛止めになる

**植物について**
**分布**:最大生産国は現在もインドネシアで、マダガスカル、タンザニア、スリランカ、マレーシア、グレナダがこれに続いています。
**特徴**:完全に成長するまでには20年もかかり、12〜15mになります。成長後は50年にもわたって実をつけ続けます。熱帯の海辺の気候に適しています。
**収穫**:年に2度、夏の半ばから後半にかけてと真冬に行ないます。花びらが開く直前の、成長しきったつぼみが収穫どきで、取ったつぼみは数日の間天日に干して乾燥させます。乾燥したものはもとの3分の1ほどの重さになり、色も焦げ茶色に変わります。
**香りと味**:独特の渋みをおびた、強く豊かな香りがあります。噛むと刺すようにシャープで辛かつ苦みがあり、しばらく舌がしびれたようになりますが、ほかの材料と混ぜたり料理に加えたりするとこのような味も少しやさしくなります。

**利用法**
**料理**:どんな味の料理にも合い、アメリカでは焼いたハムの周りに添えたり、ドイツではパンの生地に加えて焼いたりします。
**その他の利用法**:インドネシアではタバコの葉にクローブを2対1の割合で混ぜて作ったクレテックというタバコが好まれています。エッセンスは食品の保存用にも使われます。

・クローブ　アサフェティダ・

# アサフェティダ（アギ）

　インド以外ではあまり知られていないスパイスで，ジャイアントフェンネルとも呼ばれる植物の根茎からとれる樹脂のような物質を乾かしたものです。ペルシャ語で樹脂を意味する「アザ」とラテン語で臭いという意味の「フェティダ」が合わさった名で，特徴をよく表しています。南西アジア原産ですが，ペルシャやアルメニアからローマ帝国へ運ばれ，シルフィウム，ラセール，ラセルピチウムなどと呼ばれて茎や根から取った樹液が料理に使われていました。当時から高価で，美食家アピシウスは1オンス（約28g）のアサフェティダの実を20粒の松の実と一緒に瓶に入れ，料理の味つけにはこのアサフェティダの匂いの移った松の実をいくつか割って使い，また瓶に松の実を補充するといった方法を，その著書で提案しているほどです。

*Ferula asafoetida*
植物全体から，独特の香りを発している

**ブロック**
生のものは色が薄く，だんだん焦げ茶色に変わる種類もある。根茎の塊は数年間品質が変わらない

**すりつぶす**　小さな塊に分け，米粉など吸湿性の高い粉と一緒にすりつぶす

**加工品**
インドの食品店では小粒や粉を固めて売っている。ヒンズー語ではヒングという

**小粒**
密封瓶に入れて香りが外に漏れないように保存する

**粉末**
インド料理やアラブ料理では少量の粉末を味つけに使う

### 植物について
**分布**：イラン，アフガニスタン，インド，パキスタンなどの乾燥地帯に原生しています。
**特徴**：香りの強い植物で，種類によって2～4mに育ちます。内部が柔らかい茎ときれいに並んだ葉が特徴です。黄色い花がかたまって咲きます。
**収穫**：春，花の咲く直前に根元から抜き取ります。この根茎からにじみ出るミルク状の汁が乾くと堅いゴム状になり，これをスパイスとして使います。根塊をそぎ，3カ月ほどして完全に乾ききるまで何度も傷をつけて汁を取ります。
**香りと味**：粉末のものには，ニンニクのピクルスを思わせるような強い悪臭があります。この匂いは揮発性の成分の中に硫黄化合物が含まれているためです。また，苦みと辛さが混じり，そのままでは嫌な味がしますが，熱した油で炒めるとこのいやみが消え，油にタマネギのような香りが移ります。

### 利用法
**料理**：西洋や南インドでは豆や野菜の料理，ピクルス，ソースなどに使われます。肉を焼く前にオーブンに少量をすりつけたりもします。また，イランでは主茎や葉も食用とされています。
**薬用**：けいれんを抑える作用があるとされ，昔はヒステリーなどの鎮静剤としても利用されていました。インドではおなかの張りや気管支炎の薬にも処方されています。

・スパイス図鑑・

# フェンネル（ウイキョウ）

ローマ人はフェンネルの茎を食用にしていて，種は肉料理などのソースに使っていました。当時の歴史家プリニーは，フェンネルには視力をよくする力があると信じていましたが，この事実は後世の植物学者によって証明されています。インドや中国でもかなりの昔から利用され，種はサソリやヘビに噛まれた時の治療に使われました。このような効能はやがてヨーロッパにも伝えられ，魔力をもつ草として，イギリスでは魔除けにドアに掛けたり，外から悪魔が安眠をじゃましに来ないように鍵穴に種の粉末を詰めたりしていたようです。

1418年にポルトガル人がマデイラ諸島を発見したとき，野生のフェンネルの香りに魅了され，ポルトガル語でフェンネルを意味する「フンチョ」から，フンチャルという名をその上陸の地につけたということです。なんとも神秘的で昔から人々を魅了してきた草ではありませんか。

**Foeniculum vulgare**
優美な多年草で，羽根のように細かな葉と小さな黄色い花が特徴

**種**
緑色から黄っぽい茶色で，長さ1cmほどの楕円形をしている。表面が平らなものやふっくらとふくらんだものがあり，明るい筋がくっきりとはいっているのが特徴。短い茎がついたままのものもある

**精油**
種にアネトールという成分が大量にあり，これをパスティスなどアニスをベースにした飲み物に入れる

**花と種** 花が枯れた後，種がかたまってつく

**粉末** 必要に応じて種をすりつぶす

### 植物について

**分布**：地中海地方原産ですが，ほかの温暖な地域でも成育しています。輸出国はドイツ，イタリア，フランス，旧ソ連，中近東，インドなどです。

**特徴**：明るい緑色の茎が高さ1.5〜2mくらいに育ちます。どのような条件でもよく育ちますが，日当たりのいい場所を好みます。

**収穫**：実が熟す直前に収穫し，花頭に紙袋をかぶせて室内で逆さに吊るしてよく乾燥させます。

**香りと味**：草全体から香りを放っていますが，種にはアニスのような香りがあります。香りに似て強くくせのある味がします。甘みはあまりなく，多少しょうのうのような風味があるのが特徴です。

### 利用法

**料理**：イタリアではローストポークのほか，フローレンス地方でフィノッチオーナと呼ばれるおいしいサラミに使われています。イラクではニゲラと一緒にすりつぶしてパンの味つけにしています。またインドではベジタリアン料理やパーンに使うほかに，消化を助けるために砂糖でまぶして食後に食べます。ヨーロッパでは昔から魚料理やキュウリのピクルス，ザワークラウト，ニシンのマリネなどに入れられてきました。

**薬用**：昔は薬として珍重されていました。ハーバリストのカルペパーは息切れや呼吸が苦しい時にフェンネルの種が使われたという記録を残しています。腹痛や腰痛にも効くと信じられていたようです。

・フェンネル　スターアニス・

# スターアニス（ハッカク）

中華料理に使われる香辛料のひとつで中国南部とベトナム原産です。モクレン科の常緑低木の果実で，熟したものは不揃いな八角の星形になり，その美しい形が目をひきます。この形と，アニスに似た香りがあることからこの名がつきましたが，私たちには中華香辛料としての八角の名の方がなじみが深いでしょう。

スターアニスは，よそに移住した中国人が使用する以外は，中国や原産地以外ではあまり使われていませんでしたが，17世紀の西洋ではフルーツシロップやジャムなどに使われていたという記録もあります。最近は西洋のシェフの間でも再び見直されてきて，魚のシチューなどに使われる場合もあります。

*Illicium verum*
葉には光沢があり，花びらがたくさんある黄色の花を咲かせる

**ホール**　乾燥したものは堅く，赤茶色をしている。ひとつひとつの角の中には光沢があってもろい，茶色の種が入っている

**種**　実のほかの部分に較べると香りは弱い

**粉末**　実全体を乳鉢でするかミキサーにかけて砕く

**五香粉**　スターアニスとカシアまたはシナモン，ファガラ(山椒)，クローブ，フェンネルの種を混ぜ合わせた中華のミックススパイスだが，スターアニスの香りが際立っている

**実を砕いたもの**　ホールのほかに，このように砕いたものも使われる

### 植物について
**分布**：中国南部とベトナムに成育しています。
**特徴**：8mほどになる木で，小さな黄色い花を咲かせます。樹齢6年を過ぎると花の後に実がなるようになり，以後100年にもわたって実が取れます。実は熟すにつれて星のような形に開き，8つの角をもつようになりますが，このひとつひとつに種が入っています。
**収穫**：完熟する前に実を摘み取って乾かします。
**香りと味**：アニスやフェンネルとは全くの別種であるにもかかわらず，よく似た香りと味をもっています。スターアニスはカンゾウのような辛みと独特の甘みのある味が特徴です。

### 利用法
**料理**：中国では鳥肉や豚肉を使った料理によく加えられ，また，中華料理に欠かせない五香粉の材料ともなっています。ベトナムではポーと呼ばれる牛肉のスープに使われています。ローストチキンには最高のスパイスで，炒めた魚やホタテ貝，コンソメスープなどにもよく合います。長ネギやカボチャの料理に使ってみるのもいいでしょう。

精油にはアネトールという成分が含まれ，これが芳香の素となっています。このアネトールはアニスからも分離され，アニゼットやパスティスなどのリキュールやチューインガム，お菓子などの香りづけに使われています。

**薬用**：東洋ではせん痛やリューマチなどの薬に処方され，また，咳止めの薬の香りづけにも使われています。ホールのまま噛むと口臭消しにもなります。
**その他の利用法**：精油は石鹸や香水などにも使われています。

・スパイス図鑑・

# ジュニパー
## (セイヨウビャクシン, ヨウシュネズ)

ジンなどスピリッツ類に使われている有名なスパイスのひとつです。北半球一帯に成育するヒノキ科の常緑の針葉樹で，とげとげとした丸い実（ジュニパーベリー）を利用します。温帯に育つ数少ないスパイスで，安価なうえに野生のものも多いのですが，その割には，英語圏ではあまり利用されていないようです。しかしスカンジナビアでは牛肉やエルク（大鹿）の肉の酢漬け，ローストポークの赤ワイン漬けなどに使われ，また北フランスでは鹿肉の料理やパテに，アルザス地方やドイツではザワークラウトにと，国や地方によってはいろいろと使われます。砕いて塩やガーリックと混ぜ，ローストする前のカモやキジの肉にすりこんだり，オールスパイスとペパーと混ぜて牛肉料理にも使います。

*Juniporus communis*
緑色の実が熟して青っぽい黒色になるまで2〜3年かかる

**ジュニパーベリー**
小さなエンドウ豆くらいの大きさ。とりたてのものにはまだ青緑色の花がついていることもあるが乾燥すると落ちる。暖かいところで育ったものほど強い香りがする

**砕いたもの**
黒紫色の滑らかなジュニパーベリーは，柔らかいので簡単に砕くことができる。砕くと茶色の果肉と種が出てくる

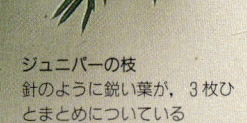

**ジュニパーの枝**
針のように鋭い葉が，3枚ひとまとめについている

**ジン** ジンの名は，オランダ語でジュニパーを意味するジェネバからきている

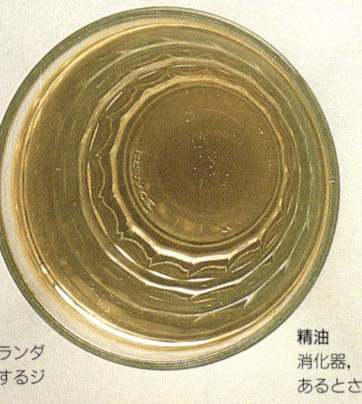

**精油** 消化器，循環器系統に薬効があるとされている

### 植物について
**分布**：ヨーロッパおよびアメリカ全土に原生しています。商業用には東ヨーロッパで生産されています。
**特徴**：球状の果実を結ぶヒノキ科の植物で，受粉の後，種の周りを肉質の鱗片が包んでジュニパーベリーになります。
**収穫**：秋に熟した実を摘み取る。揮発性の精油が飛ばないように，35℃以下の温度で乾燥します。
**香りと味**：苦みと甘みが混じったような，まさにジンの香りそのものの心地よい芳香があります。ベリーは口に入れるとほのかに松のような，テレピン油のような香りが広がり，少し焼けるような刺激があります。

### 利用法
**料理**：ガーリックやマジョラム，ローズマリーなどの芳香性のハーブとよくブレンドされ，またワインやビール，ブランデーなどのアルコールの香りづけにもよく使われます。ことのほかジンにはよく合います。料理ではマリネに使ったり，豚肉やキジ肉などのソースに加えても臭みを消しておいしいものができあがります。また塩漬けに加えたり，塩に混ぜて料理に使ったり，パテなどにも適しています。仔牛肉を使った料理や炒めた牛肉にもよく合い，キャベツとも相性がいい，利用範囲の広いスパイスです。
**薬用**：利尿や抗炎症の効果がある薬草として処方されています。妊娠中や腎臓に疾患がある人は使用を避けるようにしましょう。
**その他の利用法**：ジュニパーベリーと根は紫や茶色の染料としても利用されています。かつては葉とベリーを燃やして空気の清浄に使っていたこともあります。また，ベリーはヘビに嚙まれた時の薬としても使われていましたし，香り高い精油は殺虫剤や香水にも調合されています。

# ガランガル

　大別して小ガランガルと大ガランガルの2種類があります。ショウガ科の植物で小ガランガルは中国南部原産，大ガランガルはインドネシア原産です。近種のケンフェリアガランガルという種類（64頁参照）の根茎は中国では薬用に使われています。大ガランガルはインドネシアではラオ，タイではカー，マレーシアではレンクアスと呼ばれ，小ガランガルはインドネシアではケンチュールと呼ばれていて，専門店ではこうした名で売られている場合もあります。ガランガルは古代エジプトではお香に使われていました。ヨーロッパに到着したのは中世で，薬用や食用に珍重されていました。しかしやがて時がたつにつれてだんだんと忘れられていき，現在は各国の東洋人社会で見られるほかは東南アジア諸国だけで利用されているくらいです。

**Languas類　Alpinia類**
大ガランガルは剣のような葉とピンクのすじがはいった花が特徴

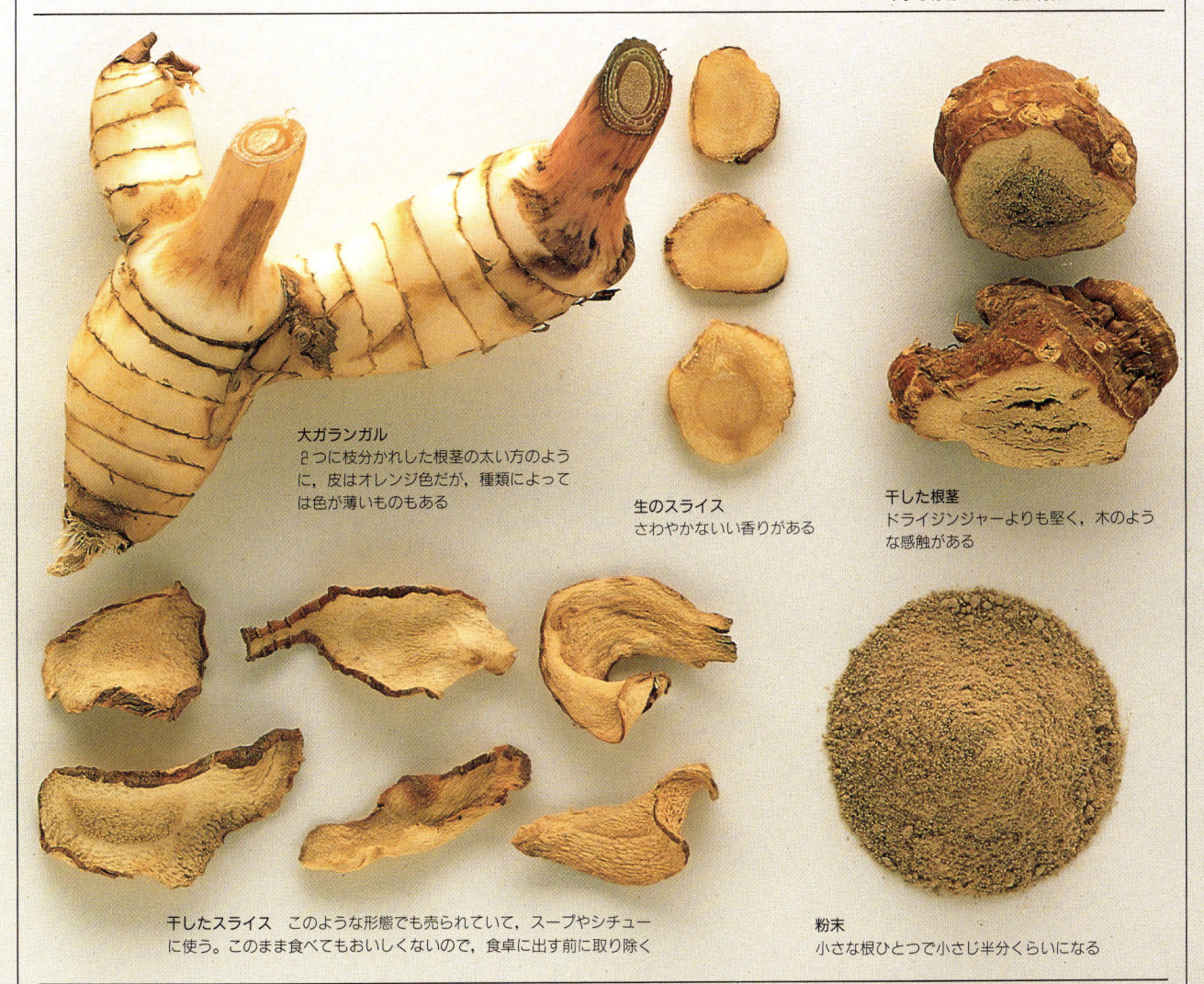

**大ガランガル**
2つに枝分かれした根茎の太い方のように，皮はオレンジ色だが，種類によっては色が薄いものもある

**生のスライス**
さわやかないい香りがある

**干した根茎**
ドライジンジャーよりも堅く，木のような感触がある

**干したスライス**　このような形態でも売られていて，スープやシチューに使う。このまま食べてもおいしくないので，食卓に出す前に取り除く

**粉末**
小さな根ひとつで小さじ半分くらいになる

## 植物について

**分布**：大ガランガルも小ガランガルも商用にはインドや東南アジアで栽培されています。

**特徴**：小ガランガルは高さ1mほどになる植物で，細長い葉と赤い線のはいった小さな花をつけるのが特徴です。大ガランガルは名の通り高さ2mにもなる背の高い植物です。両方とも根茎が節くれだってジンジャーに似ています。

**収穫**：どちらも根茎を抜き取った後ジンジャーやターメリックのようにゆでたり蒸したりしてから乾燥させます。

**香りと味**：小ガランガルは大ガランガルよりも辛みが強くてユーカリのような香りがあり，ピリッとした味はカルダモンやジンジャーによく似ています。大ガランガルの味はジンジャーとペッパーを合わせたようでレモンに似た酸味もあります。

## 利用法

**料理**：マレーシアとインドネシアではどちらもカレーや煮込み料理に使われています。また，大ガランガルはタイのカレーペースト（78〜79頁参照）の主材料で，タイではジンジャーよりも好んで用いられています。スカンジナビアやロシアでは小ガランガルをエールやリキュールの味つけにも用いています。

**薬用**：東洋医学では鼻や喉など粘膜の炎症や呼吸疾患などの薬に処方されています。また，東南アジアではすりつぶしたガランガルとライムで作る飲み物が強壮剤として飲まれています。昔はおなかにガスがたまった時などにもよく使われていました。

・スパイス図鑑・

# ナツメグとメース（ニクズク）

ニクズクは，ナツメグとメースの2種類のスパイスがとれる，ユニークで効率のいい植物です。スパイス諸島として知られるマルク（モルッカ）諸島のバンダ原産の，群生する常緑樹で，ナツメグは種の中の核の部分で，メースは種の周りのレース状の仮種皮と呼ばれる部分です。

6世紀にはナツメグもメースも，隊商によってアレクサンドリアに運ばれていました。同じ頃にナツメグは中国では消化器疾患の薬に，インドやアラブ諸国でも消化器官のほか肝臓や皮膚の病気の薬にも使われていました。またメースと共に媚薬ともされていたのです。

ヨーロッパには十字軍によって持ち込まれたと考えられています。当時はお香として用いられ，料理に使われるようになったのは16世紀にポルトガル人がスパイス諸島での貿易を拡げる

*Myristica fragrans*
果実はアンズに似ていて，熟すと割れて種が出てくる

**実**
種をとり囲む，仮種皮と呼ばれるレース状のものがメース。種の殻の中にナツメグが入っている

**ナツメグ** 楕円形で，灰色がかった茶色の，皺のある皮をかぶっている。中身は堅く薄茶色

**ナツメグのおろしがね**
昔のヨーロッパのものには，ナツメグを入れておく場所もついている

**ナツメグの粉末**
すぐに風味がとんでしまうので，使用時におろしがねでおろす方がいい

## 植物について

**分布**：マルク諸島原産ですが，スリランカやマレーシア，西インド諸島でも生産されています。

**特徴**：高さ12m以上にもなる常緑樹で，楕円形の暗緑色の葉と小さな淡黄色の花が特徴です。熱帯の海岸気候に適していて，特にマルク諸島のような火山灰を含んだ土壌やグレナダのような粘土質の土壌を好み，植樹後7〜8年ほどすると実がなります。標高750m以下の土地で，防風処置をして植樹します。

**収穫**：花が咲いた後6〜9週間ほどたつと実がなり，地面に落ちたものを収穫します。種のいちばん外側の，メースになる部分を取り除き，平たく伸ばしてマットの上で乾燥させます。この作業には2〜4時間ほどかかりますが，この段階ではメースは木になっていたときと同じ緋色の状態です。メースをとった後の種は，盆などの上で4〜6週間，中のナツメグがカラカラと音をたてるようになるまで乾燥します。完全に乾いたらナツメグを取り出し，大きさや質などによって等級づけをします。欠けたもの，しわや傷，虫などのついているものは取り除き，残ったものは1ポンド（454g）あたりの個数，つまり重さによって80，100などとランクづけされます。

**香りと味**：メースとナツメグは香りも味も似ていますが，メースの方が上品な味わいがあります。フレッシュできれいの，豊かな芳香があり，ナツメグは甘く，メースは少々苦みのある強い味です。

・ナツメグとメース・

ようになってからのことでした。ナツメグは薬用，食用両方に珍重されるようになり，半世紀の後には万能薬としてほとんどの薬に処方されていました。やがて18世紀までには銀や木，骨などで作ったおろし金と一緒に持ち歩かれるようになり，調味料として料理にはもちろんのこと，ホットエール，マルワイン(砂糖や卵黄などを混ぜて温めたブドウ酒)，パシット(熱い牛乳にワインや砂糖などを加えたもの)などの香りづけに使われました。

　ナツメグとメースはポルトガル人からオランダ人に受け継がれ，18世紀末にはイギリスにも渡りました。イギリス人はペナンやスリランカ，スマトラなどで栽培を始め，19世紀には西インド諸島のグレナダにも運びました。現在グレナダは世界の3分の1の生産量を誇っています。

**メース**　レース状の仮種皮。木になっているときは緋色で，小売店に届くまでにオレンジから黄色へと変化する

**メース片**　インドネシア産のものはオレンジがかった赤色で，グレナダ産のものはこの写真のようにオレンジがかった黄色をしている

**精油**
リューマチ用の軟膏に処方されている

**メースの粉末**
ほかの粉末状のスパイスに較べると味が長もちする

**粗挽きのメース**
すり鉢とすりこぎですりつぶすのはたいへんな難作業なので，コーヒーミルを使うといい

### 利用法

**料理**：東南アジアや中国，インドではナツメグもメースもことあるごとに使われています。インドではモグール(ムガール)料理によく加えられ，またアラブ諸国ではかなり昔からナツメグをマトンやラムを使った料理に使っています。ヨーロッパでもいろいろな料理に利用され，特にオランダではとても頻繁に使われていて，マッシュポテトやキャベツ，カリフラワーなど野菜のピューレ，マカロニ，肉のシチュー，フルーツプディングなどに大活躍をしています。ペパーミルに似た粉に挽く道具もどの家庭にも備えられています。イタリアではミックスベジタブルや仔牛肉の料理，パスタのつめものやソースに使われています。

　ほかにも蜂蜜ケーキやずっしりとしたフルーツケーキ，フルーツを使ったデザート，フルーツポンチなどのお菓子類にも合い，シチューやミートパイなどにもとても合います。また，メースもナツメグも卵やチーズを使ったほとんどの料理と相性がいいスパイスです。

**薬用**：西洋よりも東洋でよく使われ，ナツメグが気管支炎やリューマチ，おなかの張りなどの薬に処方されています。大量に服用すると眠気をもよおしたり，幻覚を見たり，陶酔感を引き起こしたりといった作用もあり，量が過ぎると死亡することもあるので，充分に注意したいものです。

**その他の利用法**：ナツメグは香水や石鹸，シャンプーなどにも使われています。

47

・スパイス図鑑・

# ニゲラ

英語でラブ・イン・ア・ミスト（霧の中の恋）というロマンチックな名がついています。クロタネソウの仲間で，スパイスとして利用するほか，美しい花と羽根のような軽い葉を楽しむために家の庭でも栽培されています。数種の美しい園芸種もあります。ヨーロッパでは17世紀にはすでに知られ，ハーバリストのジェラードはこの種を，「黒っぽい色でタマネギの種に似ており，味は鋭く，素晴らしい甘みがある」と書いています。当時，種は飲み物や甘味料に使われ，粉末にしたものを布に包んで暖めたものは嗅覚をよくすると考えられていたようです。

インドでは種は料理の味つけに広く用いられ，名前もいろいろと混乱しています。北インドでは野生していてカラ・ジェーラまたはブラッククミンと呼びますが，本当のブラッククミン（34頁参照）もカラ・ジェーラとかシャヒ・ジェーラ，さらにロイヤルクミンという名さえついていて，クミンとことごとく混同されています。一般的には「黒いタマネギの種」という意味のカロンジーと呼ばれているのが普通です。

*Nigella sativa*
葉はぎざぎざの灰緑色で，5枚の花びらの繊細な花を咲かせる

**種**
深く鈍い黒で，長さは2～3mmで角ばり，小さな5本のとげがある

**粉末**
コーヒーミルで種を挽けば粉末にして使うことができる

**ナン**
土のかまどで焼く北インドのパンで，ニゲラで味をつけてある

**パンチフォロン**
ニゲラはこのパンチフォロン（82～83頁参照）ほか，インドのさまざまなミックススパイス，カレーパウダー，マサラなどに使われている

**植物について**

**分布**：西アジアと南ヨーロッパ，中近東が原産地です。インドでもっとも広く栽培が行なわれています。

**特徴**：種から育てられる丈夫な一年草で，高さ60cmほどになります。

**収穫**：さく果（種が入った袋状のもの）が熟したら，はじける前に摘み取ります。乾燥させて砕くと簡単に種を取り出せます。

**香りと味**：芳香はそれほど強くありませんがオレガノに似ています。味は苦めの木の実のようで，ケシの実とペパーの中間といったところです。

**利用法**

**料理**：インドではホールのまま煎って香りを高め，野菜や豆の料理に使います。また，いろいろなミックススパイスに加えたりパンにふりかけたりといったようにも利用されています。中近東やトルコでは味つけパンにも使われています。コリアンダーやオールスパイス，セーボリーやタイムなどのハーブとよく合うので，いろいろな組み合せを楽しんでみるといいでしょう。

**その他の利用法**：虫よけになるとも言われています。

・ニゲラ ポピー・

# ポピー(ケシ)

　未熟のさく果を切ると乳液がにじみ出ますが，これを乾燥した粉末が阿片です。阿片からはモルヒネやコデインなど鎮痛や麻酔効果のある薬が得られますが中毒性があり，現在は各国とも一般の栽培を禁じています。しかしポピーはかなり昔からこの阿片と種を得るために栽培されていました。紀元前1400年頃建てられたクレタ島のポピーの女神像はさく果を切る姿をしています。またローマ時代には煎ったホワイトポピーの種と蜂蜜を混ぜたデザートが上流階級ではやりました。種には催眠成分が含まれないので，スパイスとして今も利用されています。

　マホメットの時代(572～632年)には，阿片の存在はアラビアやアジアでも知られていて，コレラやマラリア，赤痢などの治療用のほかに，インドや中国では麻薬としても広まりました。合法，非合法を問わず，阿片をめぐって動いたお金は，想像を超えるものでした。

*Papaver somniferum*
大きくて美しい花が枯れると，種が入ったさく果がふくらんでくる

**クリームイエローシード** 長さ1mmほどのエンドウ豆のような形をした種で，インドで一般的な種類。1000個でやっと0.5gという軽さ

**ブラウンシード** トルコではブドウのシロップとナッツに混ぜてデザートにしている

**ブルーグレーシード** 石灰石のような青みを帯び，ヨーロッパで一般的な種類。ほかの種同様堅く，見た目もきれい

**粉末** 乳鉢かコーヒーミルで種をすりつぶしたもの。インドではホワイトポピーの種の粉末がソースを濃厚にするために使われている

**ペースト** 煎った種をすりつぶしてペースト状にしたものは，いろいろなトルコ料理に使われている

**さく果** 茶っぽい緑色で，種類によって大きさや形はさまざま。縦の筋がはいり先に雌しべの柱頭が残っている。中はいくつかの部屋に分かれ，小さな種が数百も入っている

## 植物について

**分布**：東地中海地方から中央アジアにかけてが原産地です。主要輸出国はインド，中国，イラン，トルコ，フランス，オランダおよびカナダです。

**特徴**：種から栽培される背の高い一年草で，淡い白から紫色の花を咲かせます。

**収穫**：さく果(種がたくさん入った丸くふくらんだ袋状のもの)が黄色っぽい茶色になったところで，機械で収穫します。収穫したものはトウモロコシのように積み上げるか，さく果だけを切り取って乾燥させます。

**香りと味**：ほのかに快く香ばしい芳香があり，味は香りを少し強くしたようで，甘みもあります。匂いをかいでも食べても，種には催眠作用はありません。

## 利用法

**料理**：西洋の料理や中近東の料理では，種をパンやケーキにふりかけたり，蜂蜜や砂糖と一緒に砕いてペストリーの中身に入れたりします。日本でもアンパンの表面には「ケシの実」がついています。トルコではハルバなどのデザートに使います。インドではほかのスパイスと一緒に砕いてペースト状にし，肉や魚の料理用のソースにとろみをつけるのに使います。麺類やライスのソース，野菜料理のあしらいなどに利用することもできます。風味をひきたてるためには香ばしく煎ってから使った方がいいでしょう。

**その他の利用法**：種からは，油もとれます。種を冷却圧縮してとれた最初の油は無臭で，アーモンドのような軽い味があり，質のいいサラダ油になります。次に加熱圧さくしてとれる油は石鹸や軟膏用に使われ，漂白して絵の具の材料にもされています。

・スパイス図鑑・

# オールスパイス

熱帯産で，おもにジャマイカで生産されています。果実はオールスパイスベリーと呼ばれ，コロンブスによってヨーロッパに持ち込まれました。コロンブスはカリブ諸島でオールスパイスを見つけた時にペパーと勘違いしたので，学名にはスペイン語でペパーを意味するピメンタという名がつきました。今でもジャマイカペパーという別名でも呼ばれています。

1655年にイギリスがジャマイカを占領し，人工栽培によるオールスパイスの計画的な貿易を始めました。1755年から19世紀末までの間に輸出量は20倍にふくれあがりました。イギリス人はほかの熱帯の地でも植樹を行ないましたがうまく育ちませんでした。このため，オールスパイスは現在もアメリカ大陸でしかできない唯一のスパイスとなっています。

*Pimenta dioica*
果実は未熟な時は緑色で，熟すにつれて紫がかった茶色に変わる

**ホール**
オールスパイスベリーは赤茶色の，小さなエンドウ豆くらいのサイズで，表面はざらざらとしている。いちばん外側の殻が最も風味がある

**粉末**
ホールで購入して，家庭で必要に応じて粉に挽くのがいちばんいい

**精油**
スパイシーな香りの男性用の香水に最もよく使われている

**ピメントドラム** ラムをベースにした飲み物で，オールスパイスで味つけされる。クローブ酒(145頁参照)に似ている

**ピクリング用スパイス**
伝統的なピクルス用のスパイスの材料で，フルーツや野菜のピクルスに合う

**スパイスティーミックス** 紅茶やほかのスパイスと混ぜてこし出すと，こくのある飲み物になる

### 植物について
**分布**：西インド諸島，中央および南アメリカの原産で，ジャマイカ産のものが最良とされています。
**特徴**：高さ9mほどにもなる常緑樹で，雌雄の別があります。光沢のある暗緑色の葉をつけ，夏になると小さな白い花をたくさん咲かせます。植えてから6～7年で実がなり始め，100年間も収穫できますが，雄木1に対して雌木が10の割合で植えると実がたくさんとれるようです。
**収穫**：完全に熟してしまうと芳香が失われるので，まだ緑色をしている未熟のものを摘み取ります。ジャマイカでは手で摘み取り，人工的あるいはコンクリートの台の上で5～10日間乾燥した後，より分けて大きさ別に等級づけします。乾燥すると実は赤茶色に変わります。

**香りと味**：心地いい芳香があり，名前が示すように，クローブ，シナモン，ナツメグまたはメースを混ぜたような，ピリッとした味があります。

### 利用法
**料理**：基本的に食品産業でケチャップやピクルス，ソーセージ，肉の缶詰などに使われています。ケーキやジャム，フルーツパイなどに加えると，おだやかでありながらひきしまった味になります。ジャマイカではスープやシチュー，カレーなどにも使われています。
**薬用**：精油はいろいろな薬品の香りづけに使われています。腸など消化器系の病気を一時的に緩和する作用があります。

・オールスパイス　アニス・

# アニス

　キャラウェイやクミン，ディル，フェンネルなどの仲間で，アニスまたはアニスシードとして知られています。最も古いスパイスのひとつで，楕円形の種にはいい香りがあります。原産地は中近東および東地中海地方ですが，現在では世界各国で栽培されています。ローマ人がタスカニー（現イタリア中部の地方）に運び込んでから，中世にはヨーロッパ中に広まりました。14世紀にはイギリスでも使われるようになって，16世紀に入ると各家庭でも栽培されるようになりました。植民地時代には植民者が新世界へと運び，世界中へと広がっていったのです。

　消化薬としても珍重されたスパイスで，ローマ時代には肉を使った濃厚な味の料理の後に，消化を助けるためにアニスで味つけしたケーキを出すのが常でした。中世にも砂糖でくるんでボンボンにしたものが消化薬として使われていたようです。今日でもインドではホールの種をそのまま口に含み，消化薬のほか口臭消しに用いられています。

*Pimpinella anisum*
明るい緑色の羽毛状の葉と，細かな白い花が特徴

**アニスシード（種）**　緑色をおびた灰色のものから，黄色っぽい灰色のものまでさまざまある。楕円形で，10本の薄茶色のすじがはいっている。茎がまだついているものもある

**粉末**　ほかのいろいろなスパイス同様，すりつぶした時点から風味を失い始めるので，少量ずつ使うたびにすりつぶすようにする

**精油**　カンゾウのような味を出すために，カンゾウの代わりに使われることもある。薬用の精油はほとんどがロシア産

**アニスキャンディー**　お菓子にもよく使われる

**ペルノー**　いろいろなリキュールやソフトドリンクに入れられている

**植物について**
**分布**：商用には旧ソ連南部，トルコ，スペイン，フランス，ドイツおよびインドで栽培されています。
**特徴**：高さ30～40cmほどになる美しい一年草で，軽く肥沃な土壌なら種から簡単に育てることができます。
**収穫**：実が熟す直前に草全体を抜き取り，束ねて乾燥させます。乾いたら種を振り落とし，盆などに乗せて，薄日の下か適温の室内でさらに乾燥させます。
**香りと味**：香りにも味にも多少の甘みがあり，カンゾウによく似ています。

**利用法**
**料理**：ケーキやビスケットの風味づけに広く使われています。中近東やインドではスープやシチューに入れたり，パンに入れたりもしていて，また地中海地方では，種からとれる油が食前酒やリキュールの味つけに高い需要を誇っています。
**薬用**：たんを切る成分として，咳止めの錠剤などの材料になっています。甘いので，苦い薬のコーティングにも使われます。
**その他の利用法**：インドでは抽出液のアニスウォーターが，コロンに使われています。

・スパイス図鑑・

# ペパー（コショウ）

最も広く使われているスパイスです。昔の西洋では非常に珍重され，金1オンスとペパー1オンスが交換されていたほどです。南インドマラバル海岸の熱帯雨林の原産で，つぶつぶの実がブドウのように連なってなります。未熟な実はブラックペパーになり，ホワイト，グリーン，ピンクなども同じ実を時期を変えて収穫したものです。ロングペパーはこの種類の親戚にあたり，これがサンスクリット語でピッパリと呼ばれていたことからペパーの名が生まれました。

南アジアではロングペパーが先に広まり，地中海地方に最初にたどりついたのはこちらの方だったと思われます。紀元前4世紀にはギリシャの哲学者がロングペパーとブラックペパーについての記述を残し，1世紀のローマではロングペパーにはブラックペパーの4倍の値段がつけられていたという記録があります。176年，ローマではロングペパーとホワイトペパーに関税がかけられました。その後ペパーはローマ帝国全体に広まり，408年に西ゴート族がローマ市を包囲したときにはローマ人は金銀のほかに3000ポンドものペパーを貢がされたといいます。

ペパーは長い間スパイス貿易の主役を果たし，東洋と西洋の間で通貨と同等に扱われてきました。中国ではペパーを「西洋のサンショウ」と呼び，中国産のペパーとは別種と考えていました。中世ヨーロッパでも価値は変わらず，地代や持参金，税金などとしても使われていました。しかし高価であっても需要はたいへん高く，ヴァスコ・ダ・ガマらが東方への海路を見いだすに至る原動力となったのでした。まさにペパーは世界の歴史を左右したスパイスなのです。

*Piper nigrum*
花が終わると緑色の実がなり，熟すにつれて赤くなってくる

**生の実** 欧米のスーパーマーケットではこのような連なったままの生の緑色の実を見かけることもある。鴨肉の料理やクリームソース，バターソースなどにこの実をホールで加えるとよく合う

**ブラックペパー（ホール）** 緑色の未熟な実を摘み取り，積み上げて数日間醱酵させてから日干しにするとしわがよって堅くなり，色も黒くなる。ほかのペパーよりもしわが多い

**ホワイトペパー（ホール）** 熟した実を水につけ，柔らかくなったら外皮をむいて，内側の灰色の実をクリーム色になるまで乾燥させる

**ブラックペパーの粉末** ペパーの香りは失われやすいので，必要に応じてホールの実を挽くようにしたい

**ホワイトペパーの粉末** クリームソースに少量加えるとブラックペパーよりも香りがひきたつ

**ペパーミル** 毎日の料理用に，ブラックペパーとホワイトペパーのホールをミックスして入れておき，そのつど挽いて使うといい

## ・ペパー・

**グリーンペパーの粉末**
既成のものはあまりないので，家庭で挽いて利用する

**グリーンペパー（ホール）**
未熟な実をフリーズドライか塩漬け，または酢漬けなどで保存する

**塩漬けのペパーの実**
よく洗ってそのままあるいは砕いて利用する

**コショウボクの粉末**

**コショウボクの実（ホール）**
ピンクペパーとして売られていることもあり，辛さよりも芳香がきわ立つ。もろい外皮の中に小さな種が入っている

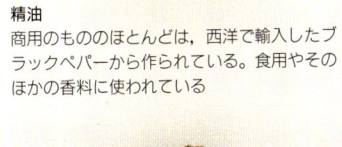

**精油**
商用のもののほとんどは，西洋で輸入したブラックペパーから作られている。食用やそのほかの香料に使われている

**ミックスペパーの粉末**

**ミックスペパー（ホール）**

**ロングペパー（ホール）** 長さ2.5cmほどの堅く小さな実で，色は灰色がかった黒

### 植物について
**分布**：主要生産国はインド，マレーシア（サラワク），インドネシア（スマトラ）で，ブラジルがこれに続いています。ロングペパーはヒマラヤ山脈のふもとから南インドにかけて原生しています。

**特徴**：多年生でつる性のコショウ科の植物で，暗緑色の葉と，穂状に咲く白い花が特徴です。ブドウのように柱に巻きつけ棚にして育てられ，木が完全に成長するまでには7～8年ほどかかりますが，その後15～20年にわたって実がなり続けます。ロングペパーも熱帯のコショウ科の植物で，同じような葉と花をもっています。

**収穫**：春から夏にかけての2～3カ月の間に実を収穫し，乾燥した後大きさによって等級づけします。大きいものほど質もいいとされています。ロングペパーの実はまだ緑色のうちに摘み取り，天日に干します。

**香りと味**：さわやかさと辛さの混じったような，心地よく刺激的な木の香りがあり，ブラックペパーの方がホワイトペパーよりも辛みは弱いのが普通です。グリーンペパーはホワイトペパーほど辛みは強くなくさわやかな風味をもち，ロングペパーはブラックペパーに似ていますが，辛さはもっと少なく，多少の甘みがあります。

### 利用法
**料理**：ほとんど辛みだけの味なので，どのような料理にも合います。世界中でさまざまな料理に顔を出している基本的なスパイスです。ホールの実はスープストックや料理用のだし汁に加えるのに向き，他のスパイスと混ぜたりマリネに入れる時には粗く砕いて使います。ロングペパーは必ずホールで使いますが，今は東アジアの一部でしか見られません。調味料としてのほかに，ピクルスなどの保存食に使われています。

**薬用**：おなかの張りなどに効くほか，利尿効果もあります。

・スパイス図鑑・

# チュバブ(クベバ ジャワコショウ)

ジャワ島などインドネシアの島の原産です。コショウ科の植物で，未熟の実を利用し，形からシッポのついたペパーなどとも呼ばれています。ハーバリストのジョン・パーキンソンはチュバブについて，「すこし甘い小さな実で，ペパーほど大きくはなく，黒くも堅くもないが，しわが多くでこぼこで，しっぽのような短い茎がくっついている」と述べています。

古代中国では薬として使われていて，ヨーロッパにはアラビアの商人によって運び込まれ，薬用，食用ともに珍重されました。17世紀末まではごく一般的に使われていたスパイスですが，1640年にパーキンソンが書いた『園芸事典』によると，ポルトガル国王は，ブラックペパーの売れ行きを促進するためにチュバブの販売を禁止してしまったということです。そんなこともあって，19世紀にはチュバブはすっかり手に入らなくなってしまいました。現在では，薬草などを扱っているところ以外では手に入れることはかなり困難と言える，珍しい種類なのです。

*Piper cubeba*
穂状にかたまってつく実をスパイスとして利用する

**実** 焦げ茶色で，外皮にはしわがよって革のような感触がある。大きなものは直径が6mmほどある

**実を割ったもの** 実を割ると，小さな白または黒の種が入っているが，空のものもある

**粉末** ペパーの代わりにも使える

**精油** 咳止めの薬の材料に使われている

**ラセラヌー** ホールのチュバブを使うミックススパイスのひとつ

## 植物について
**分布**：インドネシアの一部やスリランカではコーヒー農場の副収入として栽培されていることもありますが，野生のものがほとんどです。
**特徴**：蔓性で多年生の植物で，とがった葉と穂状に咲く白い花が特徴です。
**収穫**：熟す前のまだ緑色の実を摘み取り，深いこげ茶色に変わるまで天日に干します。
**香りと味**：刺激的な松やにのような香りがあります。するどい辛みがありますが，やや苦みもあってペパーよりもオールスパイスに近い味です。

## 利用法
**料理**：今日でもラセラヌー(96～97頁参照)などのミックススパイスやインドネシアの料理に使われています。オールスパイスに似た味と香りがあるので，オールスパイスを使うような料理にはほとんど合います。肉や野菜を使った料理に特に向いています。
**薬用**：古代から薬として使われていて，現在でも東洋では主に薬用に用いられているスパイスです。たんを切るのにいいほか，呼吸を楽にする作用があります。防腐の効果もあるようです。

• チュバブ スーマック •

# スーマック（ウルシ）

　見た目にも美しいウルシ科の灌木で，中近東一帯に広く原生しています。赤くすっぱい実が穂状になり，これを乾かして深いレンガ色になったものをホールまたは粉末にして中近東の料理に使っています。フルーティーなすっぱさがあるために欧米ではレモンの絞り汁や酢のように使われています。レバノンでは特に人気の高いスパイスで，どの家庭にも常備されています。

　ローマ帝国時代のローマ人は，ヨーロッパでレモンが使われるまではスーマックを酸味づけに使っていたことがわかっています。また，北アメリカのインディアンは *Rhus glabra* という近種の赤い実をサワードリンクにしていました。現在ではあまり知られていないスパイスですが，中近東の食品を扱う店などには，赤紫色の粉末のものが見られることがあります。

*Rhus coriaria*
秋になると美しく紅葉する

**実**
レンガ色のものから茶色，赤紫色まで，栽培された土地によっていろいろな色のものがある

**種**
実の中には小さな茶色い種が入っている

**粉末**
密封瓶に入れておくと粉末のままでも風味が失われない

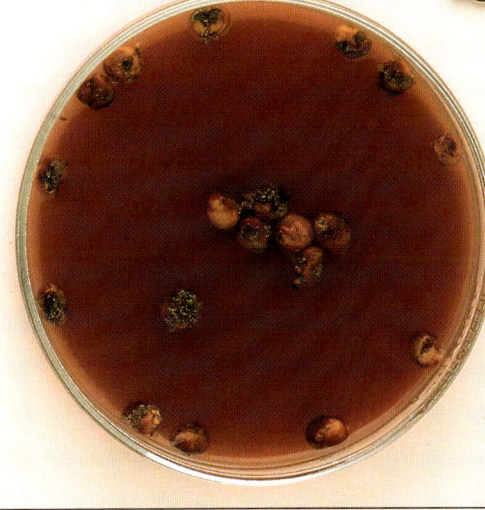

**水だしした実**
ホールで使う場合は，実を割って水に漬けておき，20分ほどしたら押しつぶして汁をしぼり，汁だけを液体調味料として使います

**ザーター**　スーマックを使った中近東のミックススパイス。煎ったゴマや乾燥させたタイムの葉の粉末も入っている

### 植物について
**分布**：シシリー島およびトルコから東のカスピ海にかけての高原地帯，南のアラブ地方にわたって原生しています。
**特徴**：高さ3mほどになる灌木で，まばらに木が生えているような山地や岩山に育ち，白い花を咲かせた後に小さな赤い実をつけます。高度が高いところのものほど実の質がいいとされています。
**収穫**：完全に熟す前に実を摘み取り，乾燥させます。トルコのアナトリア地方の村では，秋になるとたわわに実った枝を束にして積み上げた情緒ある風景が見られます。
**香りと味**：あまり芳香はありませんが，心地いい酸味と収れんみ（渋みの一種）があります。すっぱいとはいっても，刺激のあるものではありません。

### 利用法
**料理**：中近東では広く用いられているスパイスで，レバノンやシリアでは魚にふりかけて使い，イラクやトルコではサラダに使われています。またイランやグルジアではカバブという民族料理の調味料になっています。レンズ豆やタマネギをヨーグルトであえたものに混ぜ，ローストチキンの詰めものにするのにも向いています。
**薬用**：中近東諸国ではおなかの具合が悪いときにサワードリンクにして飲んでいます。
**その他の利用法**：樹皮や葉は染料や皮革製品の仕上げにも使われています。

・スパイス図鑑・

# セサミ(ゴマ)

アジアとアフリカで昔から栽培され，油をとるために育てられた植物の最古のものと考えられています。種には不揮発性の油が50％ほども含まれ，熱を加えても，風味は劣化しません。原産地はイラン，インド，インドネシアなどとの説もありますが，アフリカという説が最も有力です。中国では2000年も前から料理に使われていて，薬用には紀元前1550年の医学書『エーベルス・パピルス』にも記録が残っています。トルコ東部の遺跡から紀元前900〜700年ごろのゴマ油と思われるものが見つかり，マルコ・ポーロは『東方見聞録』のなかで，ペルシャ人がオリーブ油でなく，ゴマ油を使っていたと書き残しています。17〜18世紀になるとアフリカからアメリカへ黒人奴隷が送られましたが，この際にアメリカにも運び込まれたと思われます。

*Sesamum indicum*
毛が密生した大きさのまちまちな葉がつき，白またはピンクの花を咲かせる

**茶色のゴマ** 殻がついたままの楕円形の種で，香ばしい風味がある

**白ゴマ** 平べったく小さなつやつやとしたゴマで，最も一般的。あまり堅くない

**黒ゴマ** 中華料理や日本料理でよく使われる

**欧米のゴマ油** 不飽和脂肪酸の油で，マーガリンや料理用に使われている

**ハルバ** ゴマで作られる有名なお菓子

**タヒーナ** ゴマを粉末にしてからペースト状に練ったもので，日本のすりゴマのようなもの。中近東や地中海地方ではドレッシングや野菜やフルーツを使った料理の味つけなどに使っている。ニンニクとレモン，ときにはナッツをすりつぶしたものも加えてサラダにもする

**東洋のゴマ油** 煎ったゴマからしぼった濃い茶色の油で，リッチで香ばしい。炒めものや，食卓に出す前にそのままふりかけて使う

## 植物について

**分布**：中国やインド，メキシコ，グァテマラおよびアメリカ南西部で生産されています。

**特徴**：種から育てられ，高さ1.5mほどになる一年草です。種の色は種類によって異なっています。

**収穫**：下の方の種から熟していくので，上の方がまだ緑色のころから収穫を始めます。刈り取ったものから種を振り落とし，乾燥してゴミなどを取り除きます。

**香りと味**：ゴマからはいわゆる精油はとれません。つまり揮発性の香りもないのです。ただ，煎ったりゴマ油を熱したりするとなんとも香ばしい香りがただよいます。味もよりマイルドで，甘く香ばしくなります。黒ゴマにはほかのものよりも強い，土くさいような味があります。

**利用法**

**料理**：欧米と中近東では，ケシの実のようにパンやケーキ，ハルバなどのお菓子の味つけに使われています。中国ではゴマの海老玉揚げやゴマ餅など，衣に入れたり表面にまぶしたりしてぶつぶつした舌触りも楽しみます。日本でも煎ってご飯にかけたりサラダのドレッシングに入れたり，すってゴマだれを作り，蕎麦や野菜の料理に使ったりと，幅広く使われています。

**薬用**：ゴマもゴマ油も多少便秘に効果があります。

**その他の利用法**：ゴマ油は石鹸や化粧品にも使われ，インドでは昔から体に塗る油ともされていました。

・セサミ　タマリンド・

# タマリンド

　マメ科の植物で，インドで昔から使われていたのでインディアンデートとも呼ばれています。中世にはアラビア人にも人気が出て，ヨーロッパへは十字軍によって運び込まれたと考えられます。イギリスではチューダー王朝期に渇きをいやす植物として知られていました。17世紀にはスペイン人によって西インド諸島に運ばれ，以来主要な栽培地のひとつとなっています。

　利用するのは半乾きのさやをいくつかくっつけた，茶色と白のべとべとしたかたまりです。普通はブロック状か濃縮ペーストの形で売られています。ホールのさやは，インドの食料品などを扱う店なら置かれていることもあります。インドや東南アジアでは，レモン汁やライム汁を使うように酸味を出したいときに使われているようです。魚や鶏肉の料理によく合います。

*Tamarindus indica*
さやは曲がっていて，熟すと焦げ茶色に変わる

**スライス**
スライスしてから乾燥させたもの。水でもどすと味が出る

**ブロック**
繊維の多いかたまり。小さなブロック状のものを300mlの熱湯に10分ほど漬け，出た茶色っぽいすっぱい液を絞り出したものがタマリンドウォーターと呼ばれる。これは必ずこしてから使う

**さや**
茶色でざらざらしていて，長さは10cmほど。内側に柔らかな層があり，10個ほどの豆が入っている

**砂糖漬け**
味はマイルドでほとんど無臭。少量の水に漬けてから使う

**濃縮ペースト**
暗い色の濃いペーストで，糖蜜のような香りと独特の鋭い酸味がある

### 植物について
**分布**：原産地は東アフリカとされていますが，南アジアとの説もあります。インドに多く野生し，熱帯地方では広く栽培されています。
**特徴**：薄緑色の楕円形の葉をもち，赤いすじのはいった黄色い花をかたまって咲かせます。種または挿し木から栽培され，手のかからない丈夫な植物です。
**収穫**：さやが充分に熟して割れ，中の赤茶色の豆がのぞくようになったら収穫します。まれにまだ未熟のものを収穫することもあります。
**香りと味**：ほのかに甘い芳香と，心地いいフルーツのような酸味があります。

### 利用法
**料理**：インドではカレーやサンバル（レンズ豆と野菜の，スパイス豊富なシチュー），ラザム（スパイスのきいたレンズ豆のスープ），チャツネなどに使われています。タイではトムヤンクンなどのスープに入れられ，西インド諸島ではシロップから清涼飲料が作られています。ジャマイカでは米料理やシチュー，デザートなどの甘ずっぱいメニューに使われています。豆からはジャムやゼリーを作るのに使うペクチンが抽出され，西洋ではウスターソースなどの加工調味料を作るために輸入されています。
**薬用**：緩効性の下剤になり，インドでは赤痢など腸の病気の薬に処方されています。ビタミンに富み，肝臓や腎臓にもいいとされています。
**その他の料理法**：葉は赤や黄色の染料となります。

・スパイス図鑑・

# アジョワン

主に精油を得るために栽培されている植物で，精油の主成分チモールには防腐や殺菌効果があります。南インドの原産で，植物学上はキャラウェイやクミンなどの仲間ですが，味はまったく異なり，どちらかというとタイムに似ています。インドではロヴァージュとかアジュワイン，カロムなどとも呼ばれ，セボリーという口直しの料理やスナックに，家庭でもたいへんよく使われているスパイスです。薬用としても重宝され，インドの家庭には必ずアジョワンの種が備えてあって消化不良やおなかの張りなどに随時飲用しているようです。消化の悪い豆の料理に使われることが多いのも，そうした効能のためとも考えられます。魚を使った料理にもよく合い，またホールのままの種をカレーなどに加えることもあります。インド以外の国では，インドの食品を扱っているような店でないとなかなか手に入りにくいスパイスです。

*Trachyspermum ammi*
野生のパセリに似ている

**種（ホール）**
丸みをおび，すじがはいっている。セロリシードにも似ているが，色は薄茶から赤紫までさまざまある

**粉末**
種を砕くととても芳しい香りがする。手に入りにくいときにはタイムやセリで代用することもできる

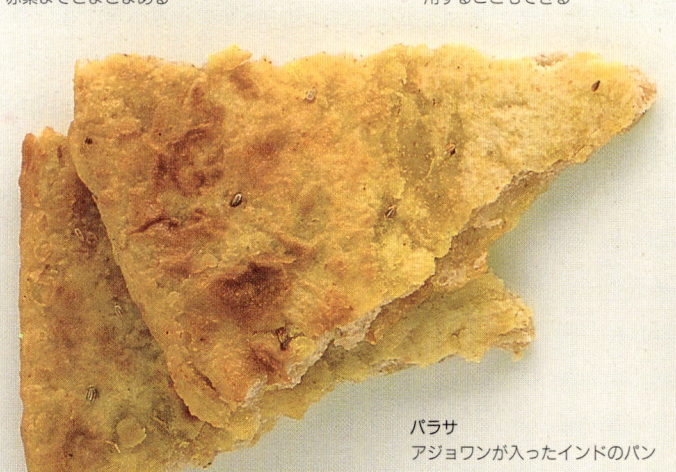

**パラサ**
アジョワンが入ったインドのパン

**ボンベイミックス** アジョワンはじめいろいろなスパイスで味つけしたミックスナッツ。豆や揚げせんべいなども入った人気のスナック

### 植物について
**分布**：主にインドで生産されていますが，アフガニスタンやパキスタン，イラン，エジプトなどでも栽培されています。
**特徴**：高さ30～60cmほどになる一年草で，日当たりがよく，水はけのいい土壌によく育ちます。
**収穫**：実が熟したら全体を刈り取って乾燥させ，種を振り落とします。空気の乾いた場所で逆さに吊るしておくと種が簡単に落ちます。セリ科のスパイスは，みなこのようにして種を取り，より分けて製品にします。
**香りと味**：種は砕かない限りあまり芳香はありませんが，手のひらで軽く握るとタイムのような香りがわずかにしみ出てきます。じかに口に入れるととても辛く，舌を刺すような刺激的な苦みがありますが，料理に加えるとほどよく抑えられたタイムに似た味をだすことができます。

### 利用法
**料理**：元来，澱粉質の食べ物と合う性質があるようです。南西アジアではパン，根菜の入ったペストリーなどによく使われ，またピクルスにもよく利用されています。タイムの代わりとして利用する場合は，味が濃すぎるので少量を使うようにします。
**薬用**：おなかの張りや消化不良のほか，せん痛，下痢などの腸疾患，また喘息の薬などに使われています。精油は防腐剤として重宝され，マウスウォッシュや歯磨きにも使われています。

• アジョワン フェネグリーク •

# フェネグリーク(コロハ)

　古代から料理用のほか薬用のハーブとしても人気のあったスパイスです。エジプト人は種から作ったペーストを体に塗って体温を下げるのに使ったり，お香としても利用していました。また，死体に詰めてミイラにするのにも用いたようです。ローマ人は牛の飼料として栽培していましたが，それから1000年の後にはカール大帝の命により，ヨーロッパ中でスパイスとして栽培されるようになったのです。

　マメ科の植物で，ほかのマメ科の仲間同様，根には地中の窒素を固定して土を肥やす働きがあります。そのため東洋では今でも牛の飼料として使われています。タンパク質やビタミン，ミネラルに富んでいるので，ベジタリアンの人たちにも最適といえるでしょう。

*Trigonella foenum graecum*
全草のどこに触れてもスパイシーな香りをまき散らす

**種(ホール)**
黄色っぽい茶色で，一方に斜めの深いすじがはいっている。堅く滑らかで，小さなビー玉のような感触がある。直径は3～5mm

**種を砕いたもの**
風味をだすために軽く煎ってから砕く

**種の粉末**
既成のものは苦みや辛みがある場合が多いので，できるだけ家庭で作るようにしたい

**発芽した種**
マスタードやアルファルファのように芽を出させてから使うとサラダによく合う

**乾燥させた葉**
インドや中近東の一部では，葉をメティと呼び，芋類など澱粉質の多い根菜の料理に入れている。苦く，香りは強い

**セメン**　トルコとアルメニアでは粉末のフェネグリークとチリ，ガーリックを混ぜたものをセメンと呼び，パスティーマという乾燥肉のコーティングに使っている

---

**植物について**
**分布**：地中海地方やインド，パキスタン，モロッコ，フランス，アルゼンチンなど世界中のあちこちで広く栽培されています。
**特徴**：頑丈な一年草で高さ60cmほどに育ち，淡黄色の三角形の花を咲かせた後，長さ10～12cmほどの曲がったさやをつけます。それぞれのさやには10～20個の種が入っています。降雨量の少ない，温暖な気候を好みます。
**収穫**：さやが熟したら，草全体を引き抜いて乾燥させ，充分に乾いたら種を振り落としてさらに乾燥させます。
**香りと味**：セロリやセリに似た強い芳香があり，カレーパウダーの主原料となっています。

種はそのままでは苦くて収れんみがあり，とても食べられません。味をやわらげるために軽く煎ってから使われることもあります。

**利用法**
**料理**：インドではほかのスパイスと混ぜていろいろな料理やピクルスに使われています。サンバルパウダー(82～83頁参照)やカレーパウダー(80～81頁参照)の材料にもなり，エジプトやエチオピアではパンに使うほか，エチオピアの香辛料のベルベレ(92～93頁参照)にも欠かせない材料です。
**薬用**：性ホルモンを合成するのに使われたり，避妊ピルの成分でもあるダイオスゲニンの重要な植物源となっています。
**その他の利用法**：以前は黄色の染料としても使われていました。

・スパイス図鑑・

# バニラ

バニラははるか昔からメキシコのアステカ民族に香料として使われていました。1520年にメキシコを征服したベルナル・ディアスの記録によれば，当時アステカに支配されていた部族は，皇帝モンテスマにバニラ入りのチョコレートドリンクを献上するのが習わしだったようです。

その後スペイン人はバニラを輸入し，スペイン語でさやという意味の「バイナ」からバニラと名づけられるようになりました。16世紀後半には，ヨーロッパでもチョコレートの香料として使われるようになりましたが，生産は1841年までメキシコに独占されていました。その後，手作業による人工受粉が行なわれるようになって，どこでも栽培できるようになりましたが，天然のバニラはとても高価です。1874年に人工のバニリンが合成されてからはこちらが主流となってしまい，今では全体の90％もが合成バニリンにとって代わっています。

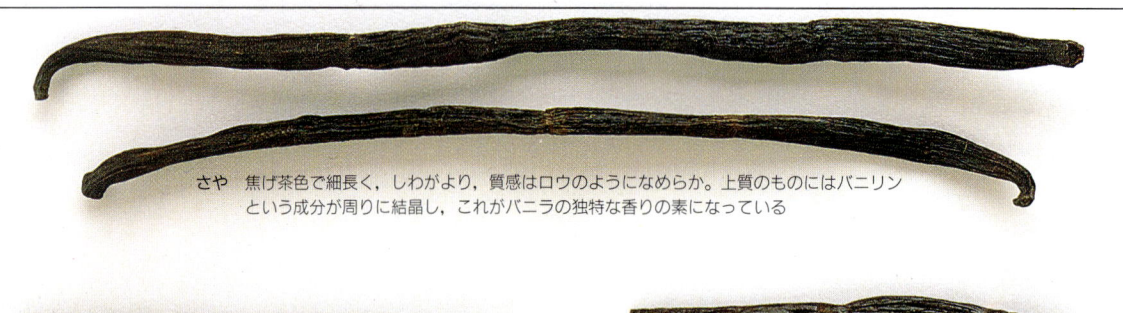

*Vanilla planifolia*
光沢のある大きな黄緑色の葉をつけ，花の後には小さな種が入った細長いさやの実がなる

**さや** 焦げ茶色で細長く，しわがより，質感はロウのようになめらか。上質のものにはバニリンという成分が周りに結晶し，これがバニラの独特な香りの素になっている

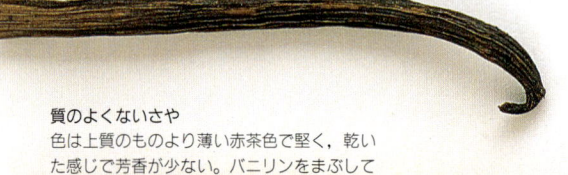

**質のよくないさや** 色は上質のものより薄い赤茶色で堅く，乾いた感じで芳香が少ない。バニリンをまぶして上質のものと偽って売られることもある

**種** さやの中には小さな黒い種がたくさん入っていて，色が濃く芳香の高い油に包まれている

**さやのアルコール漬け** さやをアルコール漬けにして柔らかくしたものからバニラエキスを抽出したり，それにシロップを加えてバニラエッセンスにする

**バニラエッセンス** 濃度がとても高いので，数滴たらすだけで充分に香りがつく。バニラエキスの方がマイルドな香りで，小さじ半杯ほどを目安に使用する

**バニラシュガー** さやを砂糖壺に入れておくと，砂糖にいい香りが移り，何年も香り続ける

### 植物について
**分布**：原産地は中央アメリカで，主要生産国はメキシコ，プエルトリコ，マダガスカルなどです。天然バニラの市場は合成バニラの大量の使用にも関わらず安定していて，各生産国では重要な財源となっています。主な輸入国はアメリカやフランス，ドイツなどです。
**特徴**：熱帯の低地の森林に育つ，多肉質でつる性の植物で，木に巻きついて10〜15mほどにも伸び上がります。栽培する場合は受粉や収穫にちょうどいい高さに調節します。
**収穫**：まだ未熟のさやを摘み取り，非常に複雑なプロセスを経て加工します。この過程の複雑さゆえに，天然バニラは高価なものになってしまうのです。

**香りと味**：豊かでなめらかなパイプタバコのような香りがあり，甘く芳しい味とよくマッチしています。合成バニラの香りは濃く露骨で，後味もあまりよくなく，一度天然バニラに慣れてしまうと合成バニラはあまり使いたくなくなるものです。

### 利用法
**料理**：香料としてアイスクリームやカスタード，プリン，ケーキ，チョコレートなどに加えられています。現在では天然バニラも比較的手に入りやすくなったとはいうものの，依然として合成バニラが多く使われているのが現状です。ただしイギリスを除くヨーロッパでは伝統的に天然バニラの価値が重視されています。天然のバニラのさやは，ミルクやソースなどに浸して香りづけをした後も，洗って乾かせば何度でも使えるので，少々高価でもホールで買っておく価値が充分にあります。

・バニラ ファガラ・

# ファガラ(サンショウ,ハジカミ)

　いろいろな名があり，アニスペパー，四川ペパー，朝倉山椒，チャイニーズペパー，また，広東語名の花椒からフラワーペパーなどとも呼ばれていますが，ペパーとはまったく異なる植物です。中国やインド，そして日本で古くから食用，薬用に利用されてきました。種類もさまざまあり，世界的には四川省のものがベストとされているようです。

　諸外国に一般に出回っているのは中国産のもので，日本のものと同様，木にはトゲがあり，実は赤茶色で乾いています。中国ではカシアやジンジャーなどとともに最も古くからあるスパイスで，古代にはお供え物の香味果実酒や料理の香りづけに使われていました。8世紀には皇帝がお茶に凝乳とサンショウを入れて飲んでいたとされるほか，焼いたアヒルの肉をサンショウと塩とで味つけしたという記録もあります。中国では昔も今もファガラはごく一般的な薬味で，ティーバッグのようにして贈り物としてもてはやされた時代もありました。

*Xanthoxylum piperitum*
鋭いトゲのある，中国産ファガラの木

**実**
実は赤茶色で表面はざらざらし，長さは4〜5㎜。簡単に割れて，中は空洞になっている。短い茎のついたままのものもある

**種**　実の中あるいは割れた実の先についている黒い種は，とても苦いので取り除く

**粉末**
乳鉢あるいはコーヒーミルで実をすりつぶして粉末にする。もっと細かくしたい場合は，小麦粉ふるいなどでふるって殻の部分を取り除くといい

**花椒塩**
ブルース・コスト著の『アジアの食品』で欧米諸国に紹介されている中国の調味料。サンショウ大さじ2，岩塩大さじ3，ホワイトペパー小さじ1の割合で混ぜ，サンショウがくすぶり始めるまでフライパンで煎ってから，粗くすりつぶして作る。日本ではサンショウを塩と混ぜたサンショウ塩を料理に使うことがある

**日本のサンショウ**
一般的に私達がサンショウと呼んでいるのは日本山椒あるいは朝倉山椒と呼ばれている種類。実を乾かしてすりつぶすといい香りがし，油分の多い料理の薬味として使うと，さっぱりとした味わいになる。若葉は木の芽と称し，料理のあしらいやあえものに加えてなんともいえない刺激的な香りを楽しむ

**植物について**
分布：中国の丘陵地に原生しています。
特徴：羽のように葉のそろった落葉樹で鋭いトゲがあり，小さな赤い実をつけます。
収穫：秋に実を収穫し，割れて開くまで天日に干します。
香りと味：スパイシーで，木のようなさわやかな香りと，しびれるような刺激的な味があります。

**利用法**
料理：肉類に合うスパイスで，中国ではペキンダックのほかにペパーで味つけしたバンバンジーを冷やしてキュウリやタマネギを添えた料理などに使われます。また，実をすりつぶしたものは五香粉(72〜73頁参照)の材料にします。厚手のフライパンで煎って用いるといっそう香りたち，風味がひきたちます。煎るにつれて煙が出るようになったら弱火にし，焦げた実は取り除いて使います。日本では，ホールの実は山椒煮や漬物に，粉山椒はウナギの蒲焼などにふりかけるのでおなじみです。若葉は料理の香りづけやあえものにします。
薬用：昔の漢方では実も種も薬用として重宝され，ある種のものは赤痢の治療薬にも処方されていました。

・スパイス図鑑・

# ジンジャー(ショウガ)

最も古くから重宝されているスパイスで，今からおよそ3000年も昔から熱帯アジアで栽培されてきました。古代にはインドや中国で珍重され，どちらかの国から広まったスパイスだと考えられます。スパイスのなかでも最初のもののひとつとされ，フェニキア人によって地中海地方に運ばれて古代ローマやギリシャ，エジプトなどでも広く知られていたようです。紀元1世紀のローマの美食家アピシウスは肉用のソースや干し豆，レンズ豆，また食塩の香りづけなどにジンジャーを使うことを勧めています。9世紀になるとヨーロッパ全土に広まり，乾燥して粉末にしたものが塩やペパー同様に食卓用の調味料として常備されていたほどでした。運搬が容易であったために，13世紀にはアラブ人によって東アフリカへ，16世紀初頭にはポルトガル人によって西アフリカへ，またオランダ人によって西インド諸島へというように東洋から世界に広まっていきました。現在では熱帯地方のほとんどで栽培されています。

また体を暖める効果でも知られ，日本でも風邪をひくと生姜湯を飲ませたりします。17世紀のハーバリストのジョン・パーキンソンも，その著書で「冷えた腹部を暖め，消化不良にもいい」と書いています。英語でジンジャー・アップというと元気が出るという意味をもち，また赤毛の人は髪の毛がカッカと燃えているように見えるため，ジンジャーと呼ばれたりします。

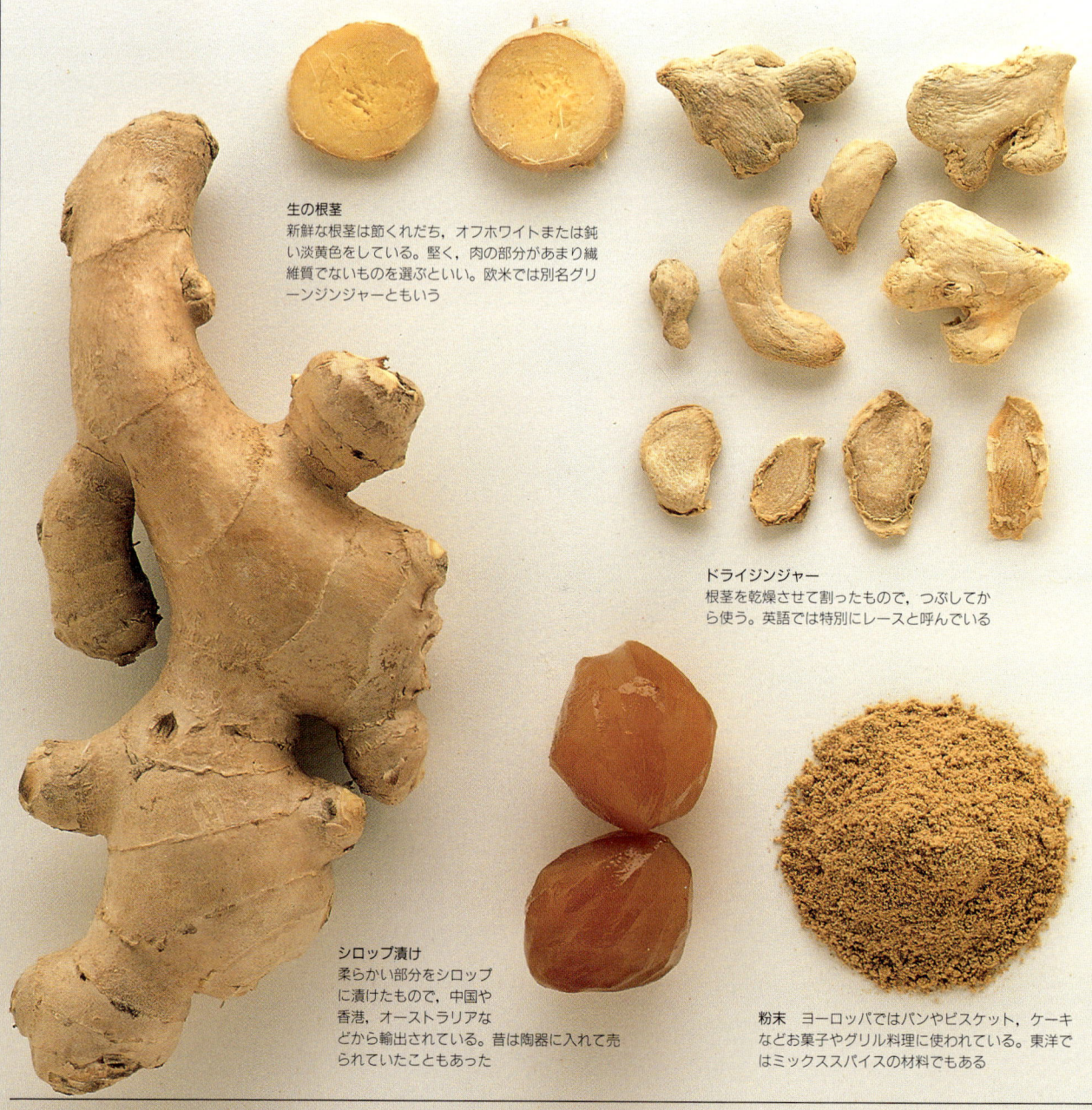

**Zingiber officinale**
茎は細長く，根元からすっと葉が伸びる

**生の根茎**
新鮮な根茎は節くれだち，オフホワイトまたは鈍い淡黄色をしている。堅く，肉の部分があまり繊維質でないものを選ぶといい。欧米では別名グリーンジンジャーともいう

**ドライジンジャー**
根茎を乾燥させて割ったもので，つぶしてから使う。英語では特別にレースと呼んでいる

**シロップ漬け**
柔らかい部分をシロップに漬けたもので，中国や香港，オーストラリアなどから輸出されている。昔は陶器に入れて売られていたこともあった

**粉末** ヨーロッパではパンやビスケット，ケーキなどお菓子やグリル料理に使われている。東洋ではミックススパイスの材料でもある

• ジンジャー •

**オイル**
ワインやビール，強壮酒などの香料に使われている。おなかの張りや消化不良にも効くといわれている

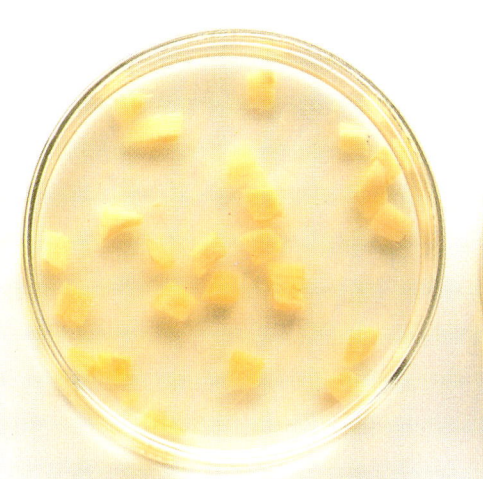

**ジンジャーティー**
生またはドライのジンジャーを5分ほど煮だしたもの。鼻風邪にとても効果的

**ジンジャーワイン**
体がよく温まる，寒いときに人気の飲み物

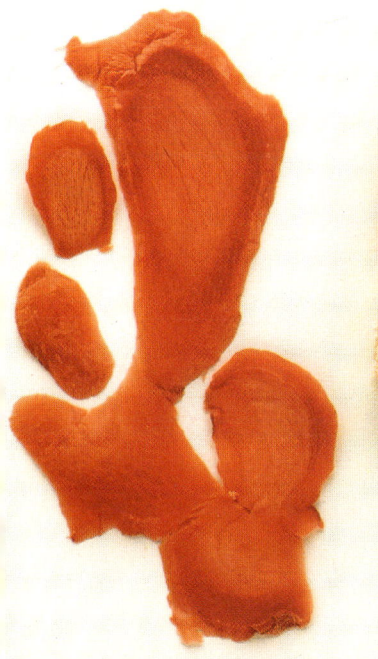

**紅ショウガ**
寿司などの日本の料理に使う

**ジンジャーキャンディー**
砂糖漬けにしたジンジャーを乾燥させ，さらに砂糖をまぶしたもの

**ジンジャーマン**
ヨーロッパでは中世から有名な，ジンジャー風味のビスケット

### 植物について
**分布**：東南アジアの熱帯雨林原産で，現在では西インド諸島，ハワイ，アフリカ，オーストラリア北部，中国，インド，日本などで栽培されています。なかでも中国とインドは最大生産国ですがジャマイカ産のものがベストとされています。

**特徴**：半日陰の土地を好み，高さ1mほどに育ちます。細長いとがった葉をつけ，アヤメに似た黄色と紫の小さな花を咲かせます。根茎は節くれだって堅く，直径が2cmほどになります。

**収穫**：生で使う場合や，酢漬け，シロップ漬けなどにする場合は，植えてから5～6カ月のまだ柔らかいうちに収穫します。生のまま出荷する場合は，収穫した根茎を洗い，1～2日乾燥させます。きちんと管理すればこのまま数カ月は貯蔵することができます。シロップ漬けにする場合は塩水に数日間漬けた後，冷水に漬け，ゆでてからシロップに漬けこみます。

乾燥させる場合は植えてから8～10カ月たって，繊維が多くなり辛さの増した根茎を収穫します。収穫した根茎は皮をむくかゆでてから乾燥します。

**香りと味**：さわやかでウッディーな，甘い豊かな香りがあります。味はホットで，舌にピリッときます。

### 利用法
**料理**：中国などアジア諸国では，よくニンニクと一緒に生で使います。インドでは生のものも乾燥したものもどちらも広く用いられています。アラブ諸国や欧米諸国はほとんどドライジンジャーばかりを使っていますが，最近は少しずつ生のものも出回るようになったようです。

日本でも薬味や下味にと欠かせない材料で，酢漬けにしたり，また，若い葉の根元の部分，つまり葉ショウガをそのままかじったりするのもおなじみです。世界各国でも昔から数多くの料理に使われ，カレーパウダーなどミックススパイスの材料にもされるほか，ジンジャーブレッド，ビスケット，ケーキ，プディング，ピクルス，そしてアジア諸国の野菜料理の多くに使われています。ジンジャービールやジンジャーワイン，ジンジャーエールなども人気のある飲み物で，かつては丸のまま香味果実酒に入れて飲んでいたこともあるようです。

**薬用**：ギリシャの医者ディオスコリデスはジンジャーには健胃作用のほか解毒作用もあると発表しています。なるほど現在でもアジア諸国では消化剤として広く用いられています。また，ジンジャーティーは血液の循環をよくして体を暖める作用があるため，西洋では旅行中に気分が悪くなった時などに飲んだり，ジンジャーキャンディーを持ち歩いたりしています。

· スパイス図鑑 ·

# Citrus hystrix
## カフィルライム

　東南アジアに原生する木で、タイやインドネシアでは果実の皮や葉を料理に使っています。欧米でもオリエンタルショップなどで生や乾燥したものを見かけることがあります。葉にはレモンにも似て、また花のようでもあるさわやかな香りがあって、鶏肉や魚の料理に加えると独特の風味が生まれます。レモンやレモングラス、またはライムの皮などで代用することもできますが、風味は少し異なります。

**果実**　洋梨のような形をしていて、ごつごつとしている。苦みのある皮を料理に使う

**葉**　2枚の葉がつながったような独特の形をしている

**乾燥した葉**　生の葉よりは芳香が少ないが、代用として使うことができる

# Languas officinarum
## 小ガランガル

　小ガランガルは東南アジアで広く料理に使われていますが（45頁参照）、欧米ではケンフェリアガランガルと呼ばれる種類を乾燥したものの方が出回っています。さわやかですが味が強いので少量を使うようにします。

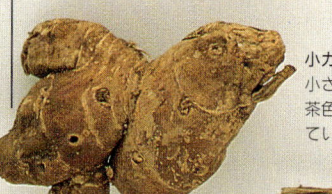

**小ガランガル**　小さな根茎で、外皮は赤茶色、内側は薄い色をしている

# Kaempferia galanga
## ケンフェリアガランガル

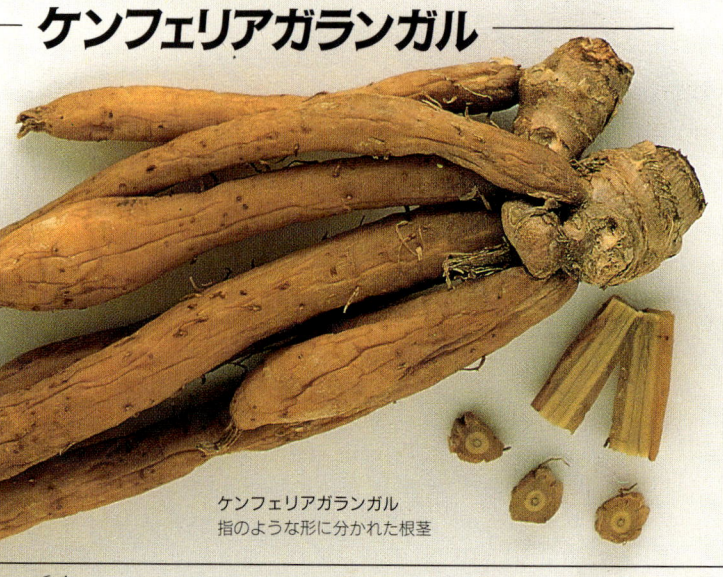

**ケンフェリアガランガル**　指のような形に分かれた根茎

・特殊なスパイス・

Mangifera indica
## マンゴー（アムチュール）

　インド原産の果物で、トロピカルフルーツのなかでも人気の高いもののひとつです。チャツネやピクルスにも使われ、また未熟な実をスライスして日干しにし、すりつぶして粉末にしたものはマンゴーパウダーまたはアムチュールと呼ばれて酸味料に利用されています。特に北インドのベジタリアン料理などによく使われ、野菜のかき揚げ、パンやペストリーの詰め物、スープなどに加えてピリッとした酸味を楽しみます。インドの食品などを扱う店ならほとんどに置かれています。

**マンゴーパウダー（アムチュール）**
少々かたまりも混じった砂色の粉末。ほとんど無臭だが、レモンやライムに似た強い酸味がある

**スライス**　未熟の果実をスライスして乾燥したもの

Murraya koenigii
## カレーリーフ

　ヒマラヤ山麓、南インドおよびスリランカに原生する美しい木で、インドでは多くの家庭で自家栽培し、葉を料理、なかでも特にベジタリアン料理に使っています。たたくとカレーに似た、独特の香りがでます。

**乾燥した葉**
味はまったくなく、生の葉のついたひと枝と同じだけの香りを出すためにはひとつかみほどの葉が必要になる

**生の葉**
ほとんどは枝についたまま売られていて、そのまま料理に加えて香りを出し、食べる前に取り除く

65

・スパイス図鑑・

*Pandanus odoratissimus*
## スクリューパイン

　南アジアの熱帯の沼地に原生し，剣のように細長い，光沢のある葉が特徴です。マレーシアやタイ，インドネシアの米料理やプディングの香りづけにこの葉が使われています。東南アジアの食品を扱う店に行けば生のものが手に入ることもありますが，買ったら冷蔵庫に保存して1～2週間のうちに使いきるようにします。乾燥した葉を短く切ったものも売られていますが，生のものに較べると香りにやや欠けるようです。

　花からはエッセンスがとれてキューアウォーターまたはスクリューパインエッセンスと呼ばれて市販され，インドでは肉料理やピラフなどに使われています。

乾燥した葉　このまま料理に加える

生の葉
直接料理に加えても，シロップで少し煮てから水気を切って使ってもいい。これを加えると料理に緑の色がつく

キューアウォーター
バラのような繊細な香りがある

*Prunus mahaleb*
## マーラブ

　ブラックチェリーの木からとれる小さなベージュ色の種がマーラブで，トルコや中近東ではパンやペストリーに使われています。比較的柔らかく，これだけを口に含むと，香ばしい口当りと苦みを含んだすっぱさがあります。なかなか手に入りませんが，中近東の食品を売っている店に置いてあることもあります。ホールで買い求めて，必要に応じてすりつぶして使います。

ホール　　　　　　　　粉末

・特殊なスパイス・

*Punica granatum*
## ポメグラネート(ザクロ)

　南西アジア原産の落葉樹で日本でもおなじみ。熱帯および亜熱帯全域で栽培されています。光沢のある葉と、美しいオレンジレッドの花と、ベージュから赤みがかった大きな実が特徴です。味は甘いもの、甘ずっぱいもの、すっぱいものなど種類によって異なりますが、収れんみのある果汁を含んでいます。すっぱい種類のものは種を天日干しにして料理のつけあわせに使うといいでしょう。ほのかな酸味をおびた香りと、独特の甘ずっぱさが料理をひきたてます。北インドではアナーダーナと呼ばれ、すりつぶしてチャツネやカレー、パンやペストリーの中身、炒めた豆や野菜などに酸味料として使っています。

**乾燥した種**
レーズンを赤黒くしたような感じ

**果実**
皮は堅くて食べられないが、たくさんの種は、甘くておいしい果肉に包まれている

**生の種**　中近東やトルコ、イランなどではサラダのつけあわせにしたり、ハマスやタヒーナと呼ばれるペーストやデザートに使う

*Wasabia japonica*
## ワサビ

　日本にしかない植物で、山の清流沿いに育ち、鼻につんとくる独特の香りと、刺激的でさわやかな味が特徴です。

　生の根の茶褐色の皮を洗い、薄緑色の中身を細かくすりおろして使います。刺身に欠かせないものであるのは日本人ならば誰でもご存じですね。おろしたてのワサビは香りも味も最高ですが、一般家庭では便利な粉ワサビやチューブ入りの練りワサビがよく使われています。日本食ブームに乗って、最近は外国でもこれらが売られていて、日本語のままにwasabiとして知られています。また、英語で「山のタチアオイ」とか「ジャパニーズホースラディッシュ」などとも呼ばれていますが、ホースラディッシュとは植物分類学上もかなり異なり、ワサビ独特の風味はほかに似たものがないといえます。

**粉ワサビ**
等量のぬるま湯で溶き、10分ほどおいて香りを出してから使う

**練りワサビ**
粉ワサビよりも風味が落ちるのが速い

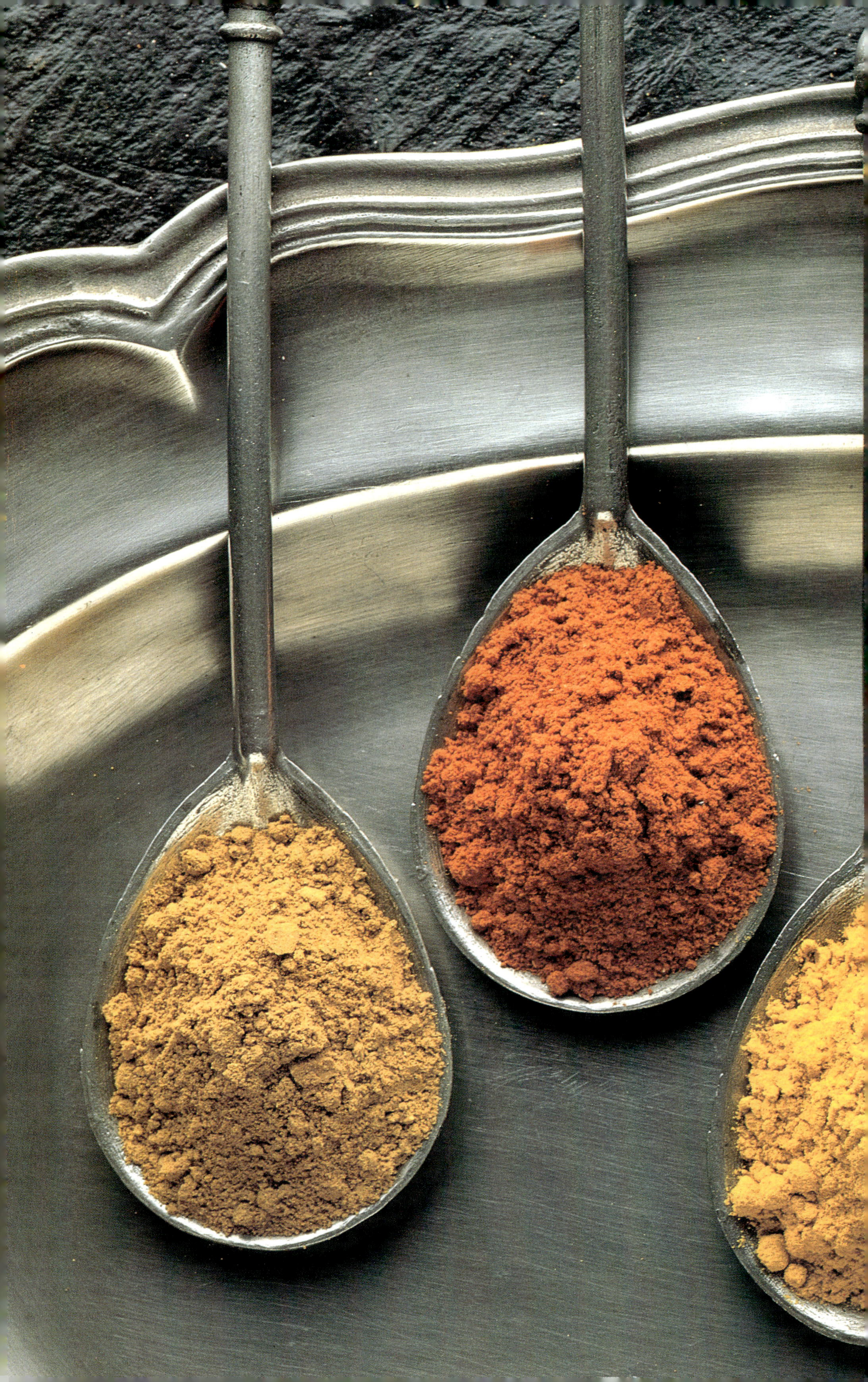

## 3 世界のミックススパイス

スパイスはそれぞれ単独に使われるほかに，世界中の国々で独特にブレンドをされて，その国特有の香りをかもし出しています。生のチリなどでペーストを作ったり，ホールや粉末のスパイスを混ぜ合わせたりと，ブレンドのしかたはさまざまですが，単独では決して得られない微妙な風味が生まれてきます。この章では，世界各国のいろいろなミックススパイスの作り方を紹介します。材料が全部そろわない場合もあまりこだわらずに似たもので代用したり省いてかまいません。自分なりに量や組み合わせを自由に変え，すり鉢やフードプロセッサ，ミルなどを利用して作ってみましょう。料理の楽しさがいっそう広がります。

# 東アジアのミックススパイス

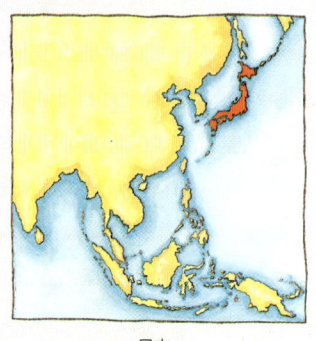

日本からアジア大陸を西へ，そして南へとたどってみると，おもしろいことにだんだんミックススパイスの数は増え，内容も複雑になっていきます。日本では数種類が食卓で使われる程度ですが中国では少し増えインドネシアやタイに至っては数限りないほどです。

日本

## 日　本

日本料理にはいろいろな野菜が薬味やあしらいに使われますが，いわゆるスパイスはあまり浸透していません。それでもワサビやサンショウは日本独特の香りといえ，また赤トウガラシやカラシ，ショウガ，ゴマなどもさまざまに手を加えて使われています。ほかの国々に比べると使う量は控え目です。

## 七味唐辛子

日本独特の歴史あるミックススパイスで，読んで字のごとく7つの味がブレンドされています。うどんやそば，また汁物，煮物などに，食卓や台所で，薬味として使われます。ブレンドの割合はさまざまで，ピリッとしたトウガラシの辛みに陳皮（ミカンの皮を乾燥させたもの）や海苔の香りが漂うのが特徴です。ケシの実の代わりに菜種を使うこともあります。また，これに対して赤トウガラシの粉だけのものを一味唐辛子と呼んでいます。

| 白ゴマ | 小さじ2 |
| --- | --- |
| 粉サンショウ | 小さじ3 |
| 海苔を細かくしたもの | 小さじ1 |
| 陳皮 | 小さじ3 |
| トウガラシ粉 | 小さじ3 |
| 黒ゴマ | 小さじ1 |
| ケシの実 | 小さじ1 |

作り方
白ゴマと粉サンショウをすり鉢で粗くする。海苔と陳皮を加えてさらに手早くすり混ぜてから残りの材料を加え，よく混ぜ合わせる。密封瓶で3～4カ月ほど保存できるが，冷蔵庫に入れておけばさらに香りが長もちする。

## ゴマ塩

ご飯にかけたり，サラダにふりかけたりもします。ゆでたじゃがいもなどにかけてもよく合います。塩とゴマが分離しないようにそのたびによくふり混ぜてから使います。

| 黒ゴマ | 小さじ5 |
| --- | --- |
| 粗塩 | 小さじ2 |

作り方
よく乾かしたフライパンでゴマを1～2分，中火で煎る。はねるのでふたをし，すぐに焦げつくのでフライパンごと振り動かしながら煎るようにする。冷めたら塩を加えてすり鉢ですり，密封瓶に入れて保存する。3～4カ月はもつ。

七味唐辛子

トウガラシ

陳皮

ケシの実

七味唐辛子

・東アジアのミックススパイス・

ゴマ塩

黒ゴマ　　　　粗塩　　　　　　　ゴマ塩

粉サンショウ

海苔

白ゴマ

黒ゴマ

・世界のミックススパイス・

# 中　国

中国では肉の下味つけやマリネなどにいろいろなミックススパイスが使われています。なかでも五香粉は有名で，アニスに似た八角の香りとカシア特有の木のような香りがさわやかです。また，中国の食料品店などでは大きな袋にカシアや八角，カルダモン，ドライジンジャー，サンショウ，カンゾウの根，クローブのつぼみなどを一緒に入れて売られているのを見ることがありますが，これはフレーバーポッドという料理法で中国全土で使われています。肉をこの濃厚なスパイスソースに漬け，ソースをしみこませると同時に肉のうま味もソースにしみださせて作るという料理法です。

中国

## 五香粉

中国南部やベトナムで，焼く前の肉の下味つけやマリネなどによく使われています。5つの基本材料に加えて，カルダモン，ドライジンジャー，カンゾウの根のうち2種を加えることもあり，このブレンドによって薄茶色や金茶色，琥珀色などさまざまな色の五香粉ができあがります。どのようなブレンドのものであっても，全体的に八角の味と香りが秀でているのが特徴です。

| 八角（スターアニス） | 大さじ1 |
| --- | --- |
| サンショウ | 大さじ1 |
| カシアまたはシナモン | 大さじ½ |
| フェンネルの種 | 大さじ1 |
| クローブ | 大さじ½ |

**作り方**
すり鉢で全ての材料を一緒にすり，密閉瓶で3～4カ月保存できる。一度に使う量は少なくてすむので，たくさん作りすぎて長く置いておくことのないように注意する。

## 花椒塩

中国では小さな器に入れて食卓に出し，生野菜や唐揚げにした野菜，焼いた肉などにつけて食べます。

| 粗塩 | 大さじ4 |
| --- | --- |
| サンショウ | 大さじ2 |

**作り方**
厚手のフライパンに塩とサンショウを入れ，サンショウに少し色がつくくらいまで中火で煎る。冷ましてからすり，密閉瓶で最高4カ月まで保存できる。

五香粉

サンショウ

カルダモン

フェンネルの種

・東アジアのミックススパイス・

花椒塩

サンショウ

粗塩

花椒塩

八角

クローブ

ドライジンジャー

五香粉

カシア

カンゾウの根

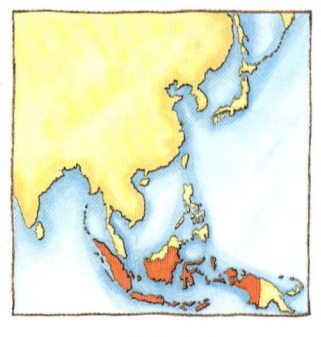

・世界のミックススパイス・

# インドネシア

インドネシア料理はジンジャーやターメリック，ガランガル，レモングラス，ハーブなどを駆使し，スパイシーに味つけしてあります。なかでもいちばん使われているのはチリで，そのまま料理に加えるほか，サンバルという独特のペースト状にして，小皿に入れて食卓に出されます。香りが高く，チリの種をそのまま入れることもあるのでたいへん辛いものです。現地ではタバスコに似たロンボクというチリでサンバルを作りますが，小さな赤トウガラシで代用することもできます。チリは刺激が強く皮膚に炎症を起こすこともあるので，扱いには充分に注意しましょう（154〜155頁参照）。サンバルの作り方は108頁を参照してください。

インドネシア

## サンバルウラック

サンバルは東南アジアの食品を扱う店やデリカテッセンで既成のものを求めることもできますが，家庭でも簡単に作れます。フードプロセッサがあればなおさら手軽です。ここで紹介するのはいちばん基本的なサンバルですが，インドネシアではトラッシやブラチャンなどといった，発酵させたエビで作った固いペースト（154〜155頁参照）やキャンドルナッツを加えたりして種々のサンバルを作っています。

| 生の赤トウガラシ | 250g |
| --- | --- |
| 塩 | 小さじ1 |
| 練った三温糖（赤砂糖） | 小さじ1 |

作り方
厚手のフライパンを2〜3分ほど熱して赤トウガラシを入れ，焦げつかないように注意して中火で数分煎る。火を止めて充分に冷まし，細かくきざんでから，塩と練った三温糖を加えてペースト状によく練る。辛みを弱めたいならトウガラシの種は除き，辛いのが好きなら残しておくようにする。密封瓶に入れて冷蔵庫に保存すれば1週間ほどもつ。

サンバルウラック

サンバルバジャック

生の赤トウガラシ

塩

三温糖

生の赤トウガラシ

サンバルウラック

キャンドルナッツ

サラダ油

• 東アジアのミックススパイス •

## サンバルバジャック

| | |
|---|---|
| 生の赤トウガラシ | 10個 |
| タマネギ | 2個 |
| ニンニク | 5かけ |
| トラッシ(154〜155頁参照) | 小片1個 |
| キャンドルナッツ | 5個 |
| タマリンドの濃縮ペースト | 5〜10ml |
| またはタマリンドウォーター(57頁参照) | 30〜45ml |
| ガランガルの粉末 | 小さじ½ |
| サラダ油 | 大さじ3 (45ml) |
| 塩 | 小さじ1 |
| 練った三温糖 | 小さじ1 |
| カフィルライムの葉 | 2枚 |
| クリームココナツ | 125g |
| またはココナツミルク | 250ml |

作り方

クリームココナツは250mlの熱湯に溶かしてココナツミルクにしておく。赤トウガラシ、タマネギ、ニンニク、トラッシ、キャンドルナッツを細かくきざむかすりおろし、タマリンドの濃縮ペースト(またはタマリンドウォーター)とガランガルを加えて滑らかなペースト状に練る。サラダ油を熱してこれを数分炒めてから残りの材料を加え、15分から20分ほど弱火でじっくり火を通してねっとりと練りあげる。冷めてから密封瓶に入れ、冷蔵庫で保存する。

ニンニク　トラッシ　ガランガルの粉末

タマリンドの濃縮ペースト

タマネギ　カフィルライムの葉　サンバルバジャック　クリームココナツ

# タイ

タイではインドネシア同様チリが好まれていますが、ニンニクやコリアンダー、レモングラス、タマリンドなどと一緒に使います。チリ（現地語でプリ）とエシャロット、ニンニク、トラッシ（154〜155頁参照）で作るナムプリがタイ独特のものと言えます。ナムプリは地方や料理人によって調合が変わり、決まったルールはありません。簡単に作ることができ、野菜や米、魚などと一緒にいただきます（108頁参照）。

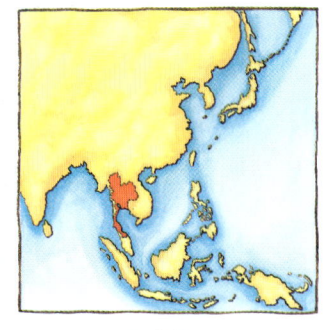

タイ

## ローストナムプリ

| 皮つきのニンニク | 5かけ |
|---|---|
| 生の赤トウガラシ | 5個 |
| 皮つきのエシャロット | 5個 |
| トラッシ | 小片1個 |
| 三温糖 | 大さじ1 |
| タマリンドの濃縮ペースト | 5㎖ |
| ピーナッツ | 大さじ2 |

**作り方**
ニンニクとエシャロットをバーベキュー用の鉄板や厚手のフライパンで、皮が黒く、中が柔らかくなるまで煎る。次に赤トウガラシとトラッシをアルミホイルに包み、トラッシの色が黒くなり、赤トウガラシが柔らかくなるまで煎る。ここでニンニクとエシャロットの皮をむき、トウガラシの種を除いてきざんでから全部の材料を合わせてペースト状に練る。密封瓶に入れて冷蔵庫で約1週間保存できる。

ローストナムプリ

タマリンドの濃縮ペースト

## 生野菜用のナムプリ

| 乾燥した赤トウガラシ | 4個 |
|---|---|
| 干しエビ | 6個 |
| トラッシ | 小片1個 |
| ニンニク | 2かけ |
| 魚醤（ナムプラーまたはニョクマム）（112頁参照） | 30㎖ |
| 三温糖 | 大さじ1 |
| ライム汁 | 1個分 |

**作り方**
チリの種を取り除いてきざみ、エビと一緒にすりつぶす。トラッシ（154〜155頁参照）を火にかけてから砕き、ニンニクと一緒にすりつぶしてから、ライム汁以外のすべての材料と一緒にして混ぜる。最後にライム汁を少しずつ加えながら練るが、ゆるくなりすぎないように量を加減する。冷蔵庫で保存する。

トラッシ

干しエビ

三温糖

・東アジアのミックススパイス・

ピーナッツ

エシャロット

ニンニク

ローストナムプリ

生の赤トウガラシ

・世界のミックススパイス・

# タイのカレーペースト

カレーはタイ料理の重要な味つけで，レッド，グリーン，イエローチリなどとそのほかのスパイスで作られた，おそろしく辛いカレーペーストが使われています。インド同様，ミックススパイスは普通は必要に応じて作り保存はしませんが，このペーストは冷蔵庫でならば約1カ月は保存できます。

## レッドカレーペースト

牛肉などの味の強い料理に使われています。

| | |
|---|---|
| エシャロット | 3個 |
| ニンニク | 3かけ |
| レモングラス | 2本 |
| コリアンダーの種 | 大さじ1 |
| クミン | 小さじ1 |
| ブラックペパー | 小さじ1 |
| 乾燥した赤トウガラシ | 10個 |
| コリアンダーの根のみじん切り | 大さじ1 |
| ガランガルの粉末 | 大さじ1 |
| ライムの皮をすりおろしたもの | 小さじ2 |
| トラッシ(154〜155頁参照) | 小片1個 |
| 塩 | 好みに応じて |

**作り方**
種を除いた赤トウガラシ，エシャロット，ニンニク，レモングラスをきざむ。厚手のフライパンを2〜3分ほど熱し，コリアンダーの種とクミンを，焦げつかないようにフライパンを揺すりながら，こんがりと色がつくまで煎る。火を止めて冷まし，ペパーを加えて粉末になるまですりつぶしてから材料を全部合わせ，滑らかなペースト状になるように練る。

**バリエーション**
◆赤トウガラシの代わりに生のグリーンチリを使い，コリアンダーの葉をきざんだもの大さじ2を加えれば**グリーンカレーペースト**になる。

ブラックペパー

乾燥した赤トウガラシ

クミン

生のグリーンチリ

コリアンダーの種

コリアンダーの葉

・東アジアのミックススパイス・

トラッシ

ニンニク

エシャロット

レッドカレーペースト

ライムの皮

塩

ガランガルの粉末

コリアンダーの根のみじん切り

レモングラス

・世界のミックススパイス・

# インドのミックススパイス

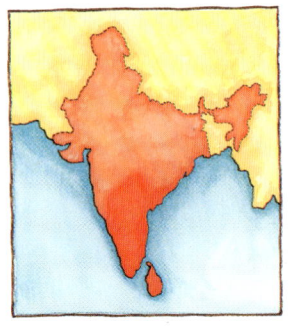

スパイスのブレンドはインド料理の基本です。腕のたつインド料理のコックになるには、まずいい「マサルチ」（スパイスブレンダー）にならなくてはいけないとさえ言われています。ヒンズー語でミックススパイスのことを「マサラ」と呼びますが、これには香りのある料理という意味もあります。マサラは料理に独特の風味を与えますが、地方によって、料理によって、また料理人によって何百もの種類があり、国外でマサラやカレーパウダーと称して売られているものをそのまま単純に使っても、本当の意味でのインド料理とは言えません。インドで一般に最もよく使われているのは北部の料理に使われるガラムマサラや南部のホットマサラ、またカレーパウダーです。普通は必要に応じてそのつど作りますが、密閉瓶でなら3～4カ月保存することができます。

南インドとスリランカ

## カレーパウダー

南部の辛いブレンドは、赤トウガラシ、マスタードの種、フェネグリークの種、ターメリックの粉末、生のカレーリーフが基本成分です。そのほかのブレンドについては108～109頁を参照して下さい。

## 基本のカレーパウダー

中辛のカレーブレンドで、カレーパウダーを使うような料理ならどんなものにも使えます。

| 乾燥した赤トウガラシ | 6個 |
| --- | --- |
| コリアンダーの種 | 25g |
| クミン | 小さじ2 |
| マスタードの種 | 小さじ½ |
| ブラックペパー | 小さじ1 |
| フェネグリークの種 | 小さじ1 |
| 生のカレーリーフ | 10枚 |
| ドライジンジャーの粉末 | 小さじ½ |
| ターメリックの粉末 | 大さじ1 |

**作り方**
赤トウガラシの種を取り除き、カレーリーフ、ドライジンジャー、ターメリック以外のすべての材料をこんがりと色がつくまで、ときどきかき混ぜて焦げつかないように注意しながら中火で煎り、冷めてからパウダー状になるまですりつぶす。カレーリーフは別にフライパンで数分煎ってすりつぶし、すべての材料を合わせてよくかき混ぜる。

**バリエーション**
◆シナモンの粉末小さじ1とクローブの粉末小さじ¼とをドライジンジャーやターメリックと一緒に加えると香りのいいカレーパウダーができあがる。赤トウガラシは2～3個だけ使うようにするといい。

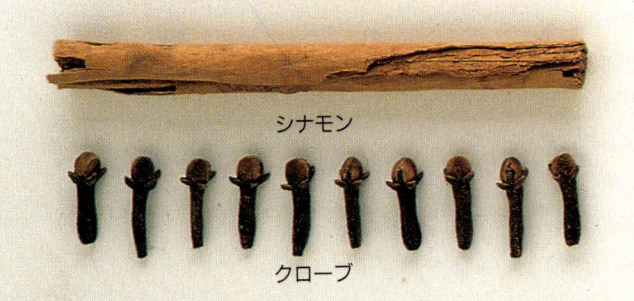

シナモン

クローブ

フェネグリークの種

ブラックペパー

乾燥した赤トウガラシ

クミン　　　ターメリックの粉末　　　マスタードの種　　　ドライジンジャーの粉末　　　コリアンダーの種

基本のカレーパウダー　　　　　　　　　生のカレーリーフ

・世界のミックススパイス・

## サンバルパウダー

とても辛いミックススパイスです。南インドのベジタリアンのためのブラーミン料理で、豆や野菜炒め、ゆでた野菜、ソースなどに広く使われています。中に入っているダルという材料（干したエンドウ豆とエジプト豆）が香ばしさと、ねっとりした感じを出しています。

| | |
|---|---|
| 乾燥した赤トウガラシ | 10個 |
| コリアンダーの種 | 25g |
| クミン | 20g |
| ブラックペパー | 15g |
| マスタードの種 | 小さじ1 |
| フェネグリークの種 | 15g |
| アサフェティダの粉末 | 小さじ¼ |
| ターメリックの粉末 | 大さじ1 |
| サラダ油 | 15mℓ |
| 干したエジプト豆（チャナダル） | 25g |
| 干したエンドウ豆（ウーラットダル） | 25g |

作り方
赤トウガラシの種を取り除き、厚手のフライパンで粉末以外のスパイスをすべて中火で5分ほど煎る。種がはじけだしたらアサフェティダとターメリックを加え、1分以上よくかき混ぜて乾いたボールに移す。次にフライパンにサラダ油を熱して、豆類を焦げつかないようによくかきまわしながら、きつね色になるまで炒める。豆が冷めたらすべての材料を合わせ、よく混ぜながらすりつぶす。密封瓶に入れておけば、3〜4カ月は保存できる。

## ベンガルのパンチフォロン

東インドのベンガル地方のミックススパイスで、豆や野菜の料理に使われています。油を熱した時、材料を炒める前に香りづけに加えたり、またギーという独特の臭みがあるバターに加えて食卓に出し、レンズ豆などの料理にかけたりします。

| | |
|---|---|
| クミン | 大さじ1 |
| フェンネル | 大さじ1 |
| マスタードの種 | 大さじ1 |
| ニゲラ | 大さじ1 |
| フェネグリークの種 | 大さじ1 |

作り方
全ての材料を混ぜ合わせ、密封瓶に入れておくだけ。3〜4カ月は保存できる。

サンバルパウダー

干したエンドウ豆　　干したエジプト豆

サラダ油

サンバルパウダー

・インドのミックススパイス・

パンチフォロン

| フェネグリークの種 | ニゲラ | クミン | マスタードの種 | フェンネル |

パンチフォロン

ブラックペパー

フェネグリークの種

クミン

マスタードの種

コリアンダーの種

乾燥したレッドチリ

ターメリックの粉末

アサフェティダの粉末

・世界のミックススパイス・

# ガラムマサラ

北インドの料理に使う基本のミックススパイスで、2〜3種のスパイスとハーブを合わせたような簡単なものから、十数種以上のスパイスをブレンドしたものまで、料理人の数だけ作り方があるとさえ言われています。ペパーとクローブがベースになったとても辛いものや、メースやシナモン、カルダモンなどがベースになっている香りのいいものがあります。ガラムマサラはどんな場合も少量使うのが基本です。材料のスパイスを煎ってから、ホールのまま、またはすりつぶし粉にして、料理の下味つけあるいは調理中、仕上げなどに加えます。プラウ（ピラフ）やビリアニス、肉料理などには伝統的にホールのまま加えられています。ムガール料理のごちそうでは乾燥させたバラの花びらを加えることもあります。ほかのマサラについては108頁を参照して下さい。

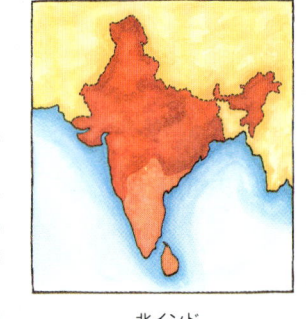

北インド

基本のガラムマサラ

ブラックペパー

ローレル

# 基本のガラムマサラ

ウッタルプラデシュ州とパンジャブ州で使われている、最も普通のガラムマサラです。タマネギをベースにした肉料理のソースとよく合う、スパイシーでピリッとしたブレンドです。好みに合わせて各スパイスの割合を変えてもかまいません。

| シナモンスティック | 2本 |
| ローレル（月桂樹の葉） | 3枚 |
| クミン | 40g |
| コリアンダーの種 | 25g |
| グリーンまたはブラックカルダモンの種 | 20g |
| ブラックペパー | 20g |
| クローブ | 15g |
| メースの粉末 | 15g |

作り方
シナモンスティックを小さく砕き、月桂樹の葉は細かく刻む。厚手のフライパンを2〜3分熱し、メース以外のすべての材料を焦げつかないようにときどきかき混ぜながら、中火でこんがりとするまで煎る。フライパンから出して冷まし、メースと合わせてすりつぶす。密封瓶に入れておけば3〜4カ月は保存できる。

バリエーション
◆グリーンカルダモンとシナモン、ブラックペパー、メースと少量のクローブだけを使えば、マイルドで微妙な味の**ムガールマサラ**ができあがる。
◆ゴマとフェンネル、アジョワン、チリを加えれば辛い**グジェラティマサラ**となる。
◆ブラッククミン、グリーンカルダモン、ブラックペパー、クローブ、シナモン、メースおよび少量のすりおろしたナツメグを混ぜ合わせればマイルドな**カシミールマサラ**となる。

◆フェネグリークの種、マスタードの種、チリ、ターメリックの粉末および倍量のコリアンダーの種を使えば辛い**パルシダンサックマサラ**ができあがる。

メースの粉末

84

・インドのミックススパイス・

コリアンダーの種

基本のガラムマサラ

グリーンカルダモン

クミン

クローブ

シナモン

・世界のミックススパイス・

# チャットマサラ

フレッシュで少し酸味のある，フルーツやサラダによく合うマサラです。ブラックソルト（154～155頁参照）が手に入りにくい場合は，粗塩の量を倍にして作るといいでしょう。

| クミン | 小さじ1 |
| --- | --- |
| ブラックペパー | 小さじ1 |
| アジョワン | 小さじ½ |
| 乾燥したザクロの種（ポメグラネート） | 小さじ1 |
| ブラックソルト | 小さじ1 |
| 粗塩 | 小さじ1 |

| 乾燥したミントの葉を砕いたもの | ひとつまみ |
| --- | --- |
| アサフェティダの粉末 | 小さじ¼ |
| マンゴーパウダー | 小さじ2 |
| カイエンペパー | 小さじ½ |
| ドライジンジャーの粉末 | 小さじ½ |

作り方
ホールの実や種の類を粗塩と一緒にパウダー状にすりつぶし，ミント，アサフェティダ，マンゴーパウダー，カイエンペパー，ドライジンジャーを加える。密封瓶に入れて3～4カ月は保存できる。

チャットマサラ

| 乾燥したミントの葉を砕いたもの | ドライジンジャーの粉末 | アジョワン |
| アサフェティダの粉末 | カイエンペパー | ブラックソルト |
| マンゴーパウダー | 乾燥したザクロの種 | クミン |

・インドのミックススパイス・

## グリーンマサラ

魚や鶏肉とよく合います。

| ショウガの小片 | 1個 |
| --- | --- |
| ニンニク | 1〜2かけ |
| 生のグリーンチリ | 4〜6個 |
| 生のコリアンダーの葉 | 1枝分 |

作り方
ショウガとニンニクは皮をむいてきざみ，チリは種をとってスライスする。コリアンダーからは茎を除く。材料をすべて合わせ，少量の水を加えてペースト状に練る。

ブラックペパー

チャットマサラ

粗塩

グリーンマサラ

生のグリーンチリ　　コリアンダーの葉　　ニンニク　　ショウガ　　グリーンマサラ

· 世界のミックススパイス ·

# そのほかのカレーブレンド

## スリランカのカレーパウダー

スリランカでは材料をすりつぶす前に焦げ茶色になるまで煎るので，インドのミックススパイスとはひと味違った，香ばしくコクのあるスパイスになります。

| コリアンダーの種 | 25g |
| --- | --- |
| クミン | 15g |
| フェンネル | 大さじ1 |
| フェネグリークの種 | 小さじ1 |
| シナモンの小片 | 1個 |
| グリーンカルダモン | 6個 |
| クローブ | 6個 |
| 生のカレーリーフ | 6枚 |
| カイエンペパー | 小さじ1 |

作り方
種のものをホールのまま厚手のフライパンに入れ，焦げつかないようによくかき混ぜながら焦げ茶色になるまで中火で煎る。冷めたらカレーリーフとカイエンペパーを加え，パウダー状になるまでよくする。密封瓶に入れて3〜4カ月は保存できる。

## コロンボパウダー

マルティニク島やグアダルペ島などカリブ諸島のカレースパイスです。パウダーという名がついてはいますが，『カリブ料理のすべて』という本を参考にしたこのレシピでは，ペースト状のものができあがります。赤トウガラシはできるだけ辛みの強いものを使う方が本場の味になります。

| ニンニク | 3かけ |
| --- | --- |
| 生の赤トウガラシ | 2個 |
| ターメリックの粉末 | 小さじ⅛ |
| コリアンダーの粉末 | 小さじ1 |
| マスタードの粉末 | 小さじ1 |

作り方
ニンニクは皮をむいて砕き，赤トウガラシは種を取り除いてすりつぶす。材料をすべて合わせてペースト状に練ってできあがり。冷蔵庫で約6週間保存できる。

スリランカのカレーパウダー

フェンネル　　コリアンダーの種

スリランカの
カレーパウダー　　クローブ　　グリーンカルダモン

・そのほかのカレーブレンド・

## コロンボパウダー

ニンニク

生の赤トウガラシ

マスタードの粉末

ターメリックの粉末

コリアンダーの粉末

コロンボパウダー

フェネグリークの種

カイエンペパー

クミン

シナモン

生のカレーリーフ

89

・世界のミックススパイス・

# アフリカと中東の
# ミックススパイス

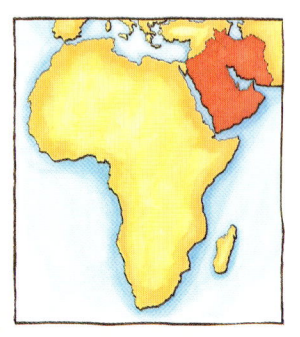

ペルシア湾周辺

ペルシア湾周辺ではスパイスをたっぷり使った料理が好んで作られています。ミックススパイスもいろいろあり、特にチリを使ったものが多いようです。北アフリカやエチオピア、モロッコ、アルジェリア、チュニジアなどの国々でもペパーやチュバブ、クミン、キャラウェイ、シナモン、カシア、ジンジャー、サフラン、そしてチリやマイルドペパーなどを豊富に使いますが、どの料理もやたら辛いわけではなく、モロッコの料理などには繊細で微妙な味をもつものもたくさんみられます。さらに南の中央アフリカや西アフリカではチリの使用頻度が多くなり、逆に中近東のアラブ諸国やイラン、トルコなどではスパイスは隠し味程度に使われます。

## バハラット

湾岸諸国で肉や野菜の料理に使われているペーストです。

| すりおろしたナツメグ | ½個分 |
| ブラックペパー | 大さじ1 |
| コリアンダーの種 | 大さじ1 |
| クミン | 大さじ1 |
| クローブ | 大さじ1 |
| シナモンの小片 | 1個 |
| グリーンカルダモンの種 | 実6個分 |
| パプリカ | 大さじ2 |
| チリパウダー | 小さじ1 |

作り方
材料を全て合わせてすりつぶす。密封瓶で3〜4カ月は保存できる。

## ザグ

イエメンの伝統的なミックススパイスで、ニンニク、ペパーに各自の好みに合わせたスパイスを加えて作ります。食卓で使う薬味です。

| マイルドレッドペパー | 2個 |
| 生の赤トウガラシ | 2〜3個 |
| コリアンダーの葉 | ひとつかみ |
| コリアンダーの粉末 | 大さじ1½ |
| ニンニク | 6かけ |
| グリーンカルダモンの種 | 実6個分 |
| レモン汁 | 5〜10mℓ |

作り方
種を除いたレッドペパーと赤トウガラシ、コリアンダーの葉を細かく刻み、材料をすべて合わせてペースト状に練る。瓶に入れ、冷蔵庫で2週間ほど保存できる。

バハラット
グリーンカルダモン
ブラックペパー
チリパウダー
ザグ
コリアンダーの粉末
ニンニク
グリーンカルダモン
ザグ

バハラット

すりおろしたナツメグ

シナモン

クローブ

コリアンダーの種

クミン

パプリカ

コリアンダーの葉

レモン

生の赤トウガラシ

マイルドレッドペパー

・世界のミックススパイス・

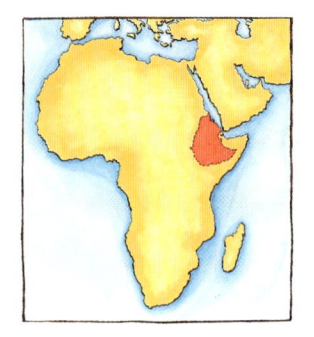

エチオピア

# ベルベレ

ベルベレとはインドのマサラ（84〜85頁参照）のように料理や料理人によって多種多様のものがある，エチオピアのミックススパイスです。基本の材料はチリ，ジンジャー，クローブで，あとは場合に応じていろいろなスパイスを加えます。その土地以外では手に入らない珍しいスパイスを加えることもあります。ワットというエチオピアの伝統的な煮込み料理や，揚げ物の衣などに使われます。そのほかのエチオピアの料理については109頁を参考にして下さい。

| 乾燥した赤トウガラシ | 10個 |
| コリアンダーの種 | 小さじ½ |
| クローブ | 5個 |
| グリーンカルダモン | 実6個分 |
| アジョワン | 小さじ¼ |
| オールスパイス | 8個 |
| ブラックペパー | 小さじ½ |
| フェネグリークの種 | 小さじ½ |
| シナモンの小片 | 1個 |
| ドライジンジャーの粉末 | 小さじ½ |

作り方
厚手のフライパンを2〜3分熱してから，ドライジンジャー以外の材料を中火で焦げないように気をつけながらこんがりとするまで煎る。冷めたらチリの種を取り除いて砕き，ドライジンジャーと一緒に全部の材料を合わせて，細かなパウダー状になるまですりつぶす。密封瓶に入れれば4カ月ほどは保存できる。

ドライジンジャーの粉末

オールスパイス

グリーンカルダモン

クローブ

・アフリカと中東のミックススパイス・

ベルベレ

乾燥した赤トウガラシ

コリアンダーの種

ブラックペパー

ベルベレ

フェネグリークの種

アジョワン

シナモン

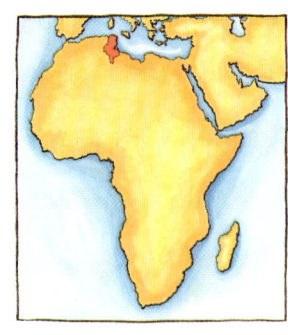

・世界のミックススパイス・

## タビル

チュニジア独特のミックススパイス。タビルとはコリアンダーのことも指しますが，このミックススパイスを意味することが多いようです。

| コリアンダーの種 | 大さじ1 |
| --- | --- |
| キャラウェイ | 小さじ1½ |
| ニンニク | 2かけ |
| チリフレーク | 小さじ1 |

作り方
乳鉢かすり鉢で全部の材料をすりつぶし，100℃のオーブンで30分ほど乾燥させる。ほとんど乾いたところでさらに細かくすりつぶしてパウダー状にする。密封瓶に入れて保存すれば4カ月はもつ。

チュニジア

タビル

コリアンダーの種

## ハリッサ

燃えるように辛いチュニジアのチリソースです。アルジェリアやモロッコでもクスクス（蒸した穀類の粉）を添えた野菜や肉のタジン（シチュー）に入れられています。インドネシアのサンバル（74〜75頁参照）と同じように，食卓に置かれる薬味としても使われています。缶詰の既成品もあるようですが，家庭でも簡単に作ることができ，冷蔵庫で6週間ほど保存できます。そのほかのチュニジアのミックススパイスについては109頁を参照して下さい。

| 乾燥した赤トウガラシ | 50g |
| --- | --- |
| ニンニク | 2かけ |
| 塩 | 少々 |
| キャラウェイ | 小さじ1 |
| クミンの粉末 | 小さじ1½ |
| コリアンダーの種 | 小さじ2 |
| 乾燥したミントの葉を砕いたもの | 小さじ1 |
| オリーブ油 | 15〜30ml |

作り方
赤トウガラシは種を除いて細かくちぎり，20分ほどお湯に浸して，柔らかくなったら細かくすりつぶす。ニンニクをすりおろして塩と混ぜ，オリーブ油以外のすべての材料を合わせてペースト状に練ってからオリーブ油を入れる。できあがったら瓶に移してオリーブ油を薄く張り，冷蔵庫で保存する。

ハリッサ

オリーブ油

キャラウェイ

乾燥した赤トウガラシ

・アフリカと中東のミックススパイス・

チリフレーク

ニンニク

キャラウェイ

タビル

乾燥したミントの葉を砕いたもの

クミンの粉末

塩

ハリッサ

コリアンダーの種

ニンニク

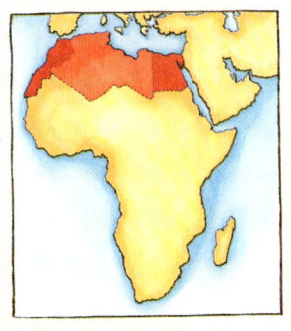

・世界のミックススパイス・

## ラセラヌー

外国人をも魅了してやまない，20種以上ものスパイスが入った有名なモロッコのミックススパイスです。ラセラヌーとは「店いちばん」という意味で，店の主人が自分の味覚や客の要求に合わせて精根こめて作るためにこの名がついたと考えられています。ブレンドの内容は地方によって異なり，フェズのバザールのものが最も複雑とされています。基本的にはどのブレンドにも各種スパイスやドライフラワーに加えて，媚薬成分を含むカンタリス（輝く緑色をしたツチハンミョウの一種）やアッシュベリー，モンクペパーが入っています。ホールも粉末もあり，柔らかな味わいはキジ類の肉の料理にむいています。また，米やクスクスを使ったスタッフィング，ムロツィーヤなどの仔羊肉を使ったタジン（シチュー），アーモンドや蜂蜜，バターなどが入った甘い民族料理のエルマジョーンなどにも使われます。

北アフリカ

## ザーター

香り豊かな北アフリカのミックススパイスで，トルコやヨルダンでも作られています。ミートボールや野菜にかけたりディップソースとして使います。また，オリーブ油を混ぜてペースト状に練り，パンに塗って焼いたりもします。109頁のダッカの料理法も参考にして下さい。

| 白ゴマ | 50g |
| --- | --- |
| スーマックの粉末 | 25g |
| 乾燥したタイムの粉末 | 25g |

**作り方**
ゴマをたえずかき混ぜながら，中火で数分煎る。冷めたらスーマックとタイムを加える。密封瓶に入れて保存すれば3～4カ月はもつ。

ザーター

ザーター

乾燥したタイム

白ゴマ

スーマックの粉末

ラセラヌー

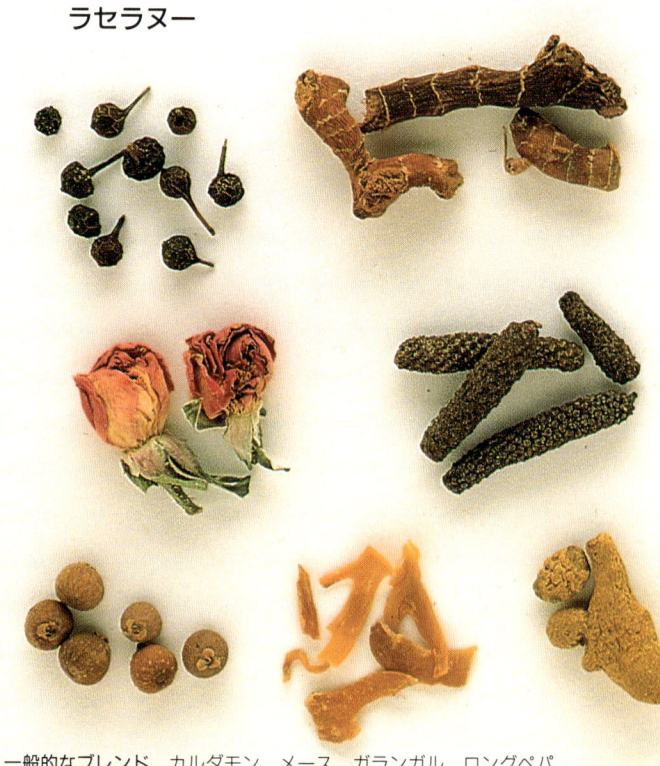

**一般的なブレンド** カルダモン，メース，ガランガル，ロングペパー，チュバブ，ナツメグ，オールスパイス，シナモン，クローブ，ドライジンジャー，バラのつぼみのドライフラワー，ラベンダー，カンタリス，アッシュベリー，パラダイスグレイン，ブラックペパー，チュファナッツ，ターメリック，カシア，ニゲラ，モンクペパー，ベラドンナ，ニオイショウブの根などが入っている。

・アフリカと中東のミックススパイス・

ラセラヌー

・世界のミックススパイス・

# 中世ヨーロッパのミックススパイス

ヨーロッパ：イタリア

ミックススパイスには個々のスパイスと同じように長い歴史があります。中世のヨーロッパでは裕福な家庭の料理人たちは、薄力粉、強力粉などをベースに独自の調合をし、酢で湿して味をひきしめてから料理に加えていました。この頃おもに使われていた材料はジンジャーで、シナモン、クローブ、ペパー、サフラン、パラダイスグレインなどが補助的に使われていました。13～14世紀になると、スパイスに大量の粉砂糖を加えて使うのがはやりました。スパイスも砂糖もこの頃の富の象徴であったためと思われます。しかし16世紀までには砂糖はほとんど加えられなくなり、代わりにいろいろなミックススパイスが開発され始めました。この頃のヨーロッパではイタリアが料理の先端をいき、ナポリの料理王とうたわれたルペルト・デ・ノラは、甘みの加えられていない独自のミックススパイスを考えだしました。シナモン3，クローブ2，ジンジャー1，ペパーに好みで少量のコリアンダーの粉末とサフランを加えるブレンドで、サルサコマンと名づけられています。

## スカッピのスパイスミックス

ローマ法王ピオ5世に使えた料理人、バルトロメオ・スカッピの考え出したミックススパイスで、その頃好評を博した彼の著書『料理の芸術』に紹介されています。

| シナモンスティック | 24本 |
| --- | --- |
| クローブ | 25g |
| ドライジンジャー | 15g |
| すりおろしたナツメグ | 15g |
| パラダイスグレイン | 7.5g |
| サフラン | 7.5g |
| 三温糖 | 15g |

作り方
シナモンスティックを細かく砕き、材料を全部合わせて細かなパウダー状になるようにすりつぶす。密封瓶に入れておくと3～4カ月保存できる。

スカッピのスパイスミックス

シナモン

ドライジンジャー

三温糖

パラダイスグレイン

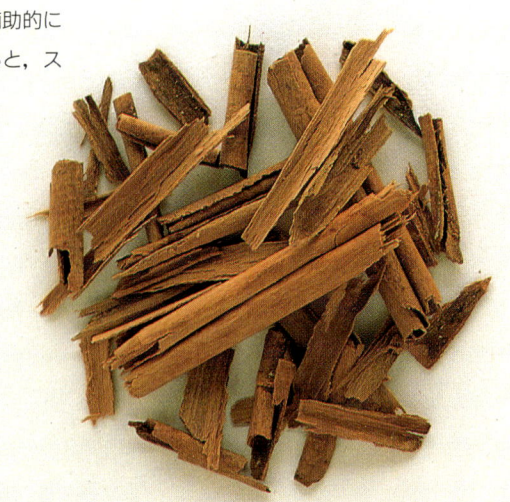

・中世ヨーロッパのミックススパイス・

クローブ

ナツメグの粉末

サフラン

スカッピのスパイスミックス

# 近世ヨーロッパのミックススパイス

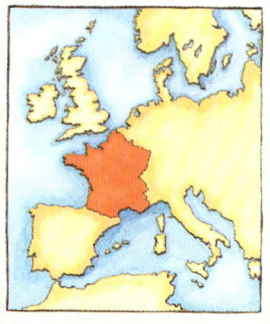

ヨーロッパ：フランス

17世紀にはいるとスパイスの価値はだんだんとかげりを見せ始めました。産地からの供給量が増え，値段が下がって庶民の手に入りやすくなり，もはやステータスシンボルではなくなってきたのです。料理の本でもミックススパイスについては少しの記述にとどまるようになりました。ところが19世紀に入ると料理の研究が進みはじめ，再びミックススパイスが見直されてくるのです。有名なフランスのシェフ，カレームは，ペパーの実3，クローブ1，ナツメグ1，シナモン1，乾燥したタイム1，ローレル1の割合に少量のジンジャーとメースをブレンドしたものを考えだしました。当時のイギリスの家庭紙の記事でも，ジンジャー，ナツメグ，ブラックペパー，オールスパイス，シナモン，クローブの粉末またはすりつぶしたものを等量ずつブレンドしたものが紹介されています。今日のヨーロッパでは，ミックススパイスは昔ほど使われなくなりましたが，フランスのキャトルエピスやイギリスのプディングスパイス，ピクリングスパイスなどは根強い人気を保っています。

## キャトルエピス

フランスの標準的ミックススパイスで，ペパーをベースに4つの材料からなります。シャルキュテリやシチューなど，ことこと煮込む料理によく使われます。シナモンやオールスパイスを加えたりもします。

| | |
|---|---|
| ブラックペパー | 小さじ5 |
| すりおろしたナツメグ | 小さじ2 |
| クローブ | 小さじ1 |
| ドライジンジャー | 小さじ1 |

**作り方**
材料を全部合わせて細かなパウダー状にすりつぶす。密封瓶に入れて3～4カ月は保存できる。

## メランジュクラシック

最近ではフランス料理にもハーブを使ったミックススパイスが使われています。ここに紹介するのはフランスのシェフのハンドブック『レストランマニュアル』から引用したものです。

| | |
|---|---|
| ローレル（月桂樹の葉） | 5枚 |
| 乾燥したタイム | 小さじ2 |
| 乾燥したマジョラム | 小さじ1 |
| 乾燥したローズマリー | 小さじ1 |
| すりおろしたナツメグ | 小さじ2 |
| クローブ | 小さじ2 |
| カイエンペパー | 小さじ1 |
| ホワイトペパー | 小さじ1½ |
| コリアンダーの種 | 小さじ1½ |

**作り方**
ベイリーフを細かく砕き，材料を全部合わせて細かなパウダー状にすりつぶす。密封瓶で4カ月ほど保存できる。

クローブ

キャトルエピス

ドライジンジャー

ブラックペパー

すりおろしたナツメグ

キャトルエピス

メランジュクラシック

クローブ

ホワイトペパーの実

メランジュクラシック

ローレル

乾燥したタイム

コリアンダーの種

乾燥したローズマリー

ナツメグの粉末

カイエンペパー　　乾燥したマジョラム

101

・世界のミックススパイス・

# ピクリングスパイス

チャツネ，フルーツや野菜のピクルス，スパイスビネガーなどに入れる，ホールスパイスのブレンドです。ピクルスを作る時には小さな木綿の袋に入れて一緒に漬けこみ，漬けあがったら取り除いてもいいですし，ピクルスの種類によっては酢にそのまま加えてもいいでしょう。ヨーロッパでは既成品が店によって独自のブレンドで作られていますが，ここでは1950年頃のイギリスの本『食料品店のマニュアル』に従い，家庭で使いやすい量に直して紹介します。

ヨーロッパ：イギリスとアイルランド

### チリを使ったピクリングスパイス

ジャマイカジンジャー40ｇ，イエローマスタードの種35ｇ，ザンジバルクローブ30ｇ，インディアンブラックペパー45ｇ，バーズアイチリまたはナイアサチリ30ｇ，メース15ｇ，コリアンダーの種15ｇ，オールスパイス70ｇ

### カイエンペパーを使ったピクリングスパイス

マスタードの種50ｇ，カイエンペパー40ｇ，ブラックペパー50ｇ，ホワイトペパー30ｇ，小さめのクローブ20ｇ，オールスパイス60ｇ，ジャマイカジンジャー30ｇ

## チリを使ったピクリングスパイス

イエローマスタードの種

クローブ

コリアンダーの種

オールスパイス

メース

ドライジンジャー

乾燥したバーズアイチリ

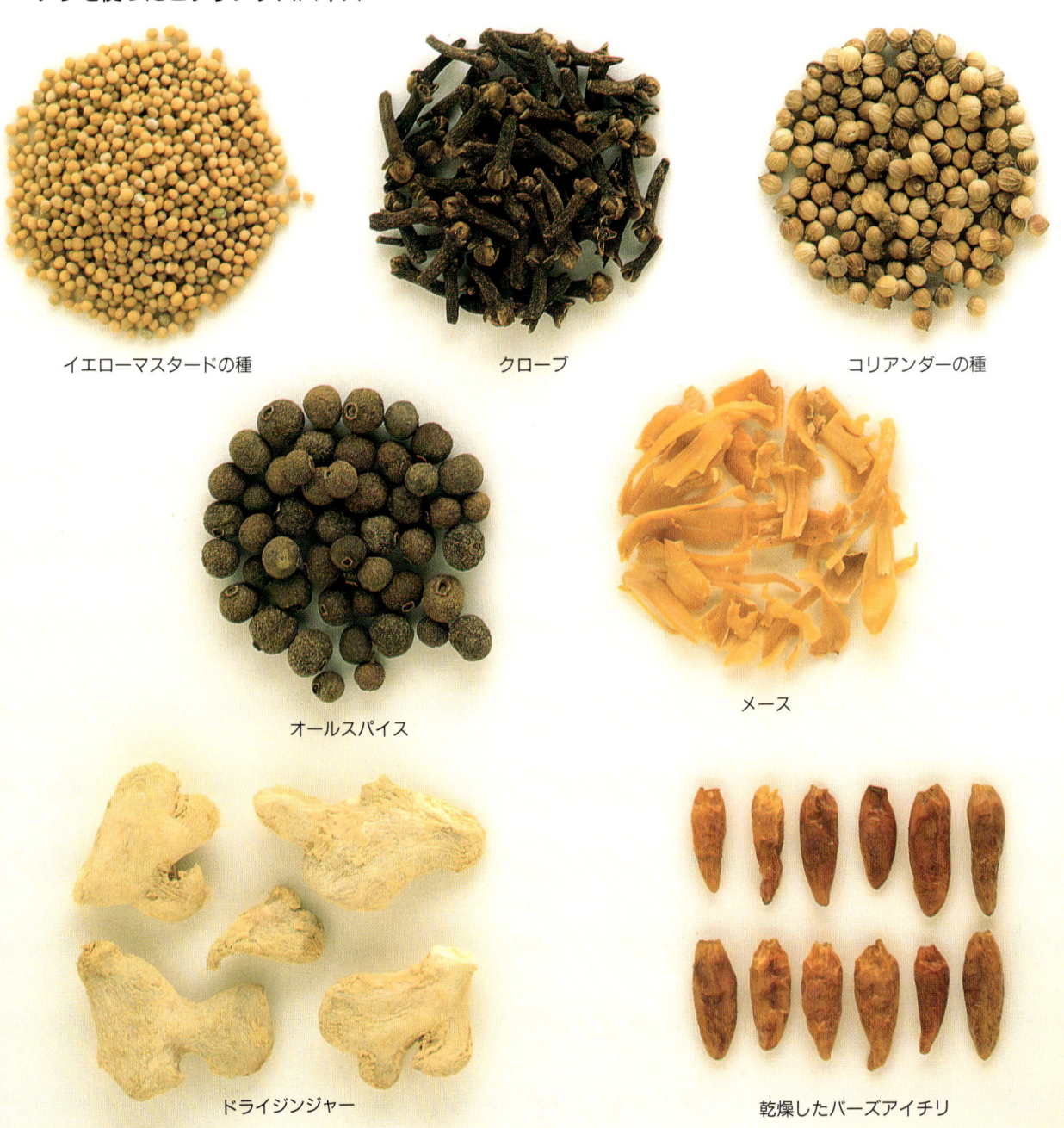

102

・近世ヨーロッパのミックススパイス・

## プディングスパイス

単にミックススパイスとも呼ばれるイギリスの甘いブレンドです。ここで紹介する材料やその量などは好みに応じて変えてもかまいません。

| | |
|---|---|
| シナモンの小片 | 1個 |
| クローブ | 大さじ1 |
| メース | 大さじ1 |
| すりおろしたナツメグ | 大さじ1 |
| コリアンダーの種 | 大さじ1 |
| オールスパイス | 大さじ1 |

作り方
材料を全て合わせ，細かなパウダー状にすりつぶす。密封瓶で3〜4カ月保存できる。

プディングスパイス

ブラックペパー

コリアンダーの種

シナモン

オールスパイス

クローブ

メース

ナツメグ

チリを使ったピクリングスパイス

103

## 世界のミックススパイス

# アメリカのミックススパイス

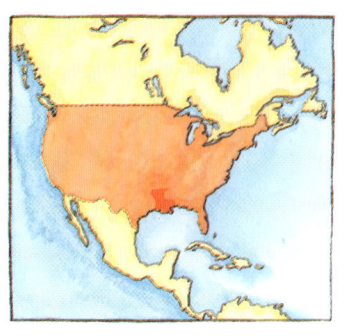

アメリカでは各社が独自に開発したミックススパイスが市販されていて、特許がとられ、秘伝の製法が守られています。アップルパイスパイス、バーベキューブレンド、チキンシーズニングやボイルしたカニ用のシーズニングなど、用途別のブレンドがスーパーマーケットなどに並び、レストランなどでもこれらをそのまま使っているようです。なにしろ秘伝のブレンドなので、見よう見まねで考えたいくつかのバージョンを紹介します。用途に応じて作ってみてください。

アメリカ合衆国

## ケイジャンシーズニング

ルイジアナ州のケイジャンやクレオールなどの民族料理は、最近になってアメリカ全土や外国にまで人気がでてきました。味つけにはチリやハーブ、マスタード、クミンなどをおもに使います。既成のものにはオニオンパウダーやガーリックパウダーが入っていることもありますが、生のタマネギやニンニクを使った方がずっとさわやかになります。このミックススパイスは肉や魚を焼く前に下味をつけるのによく、また、ガンボというシチューや米を使ったジャンバラヤなど、この地方独特の料理には欠かせません。バリエーションとしては乾燥したセイジやバジル、フェンネルなどをタイムやオレガノの代わりに入れてもいいでしょう。そのほかのルイジアナ州の料理については109頁を参照して下さい。

| ニンニク | 大1個 |
| --- | --- |
| タマネギ | 小½個 |
| パプリカ | 小さじ1 |
| ブラックペパーの粉末 | 小さじ½ |
| クミンの粉末 | 小さじ½ |
| マスタードの粉末 | 小さじ½ |
| カイエンペパー | 小さじ½ |
| 乾燥したタイム | 小さじ1 |
| 乾燥したオレガノ | 小さじ1 |
| 塩 | 小さじ1 |

作り方
すり鉢でニンニクとタマネギをすりつぶし、材料をすべて混ぜ合わせる。

タマネギ

ブラックペパーの粉末　　カイエンペパー　　塩

ケイジャンシーズニング

ニンニク

| 乾燥したタイム | パプリカ | クミンの粉末 | マスタードの粉末 | 乾燥したオレガノ |

・世界のミックススパイス・

# バーベキュースパイスミックス

## 基本のブレンド (下の写真)

中辛のブレンドで，オーブンで肉を焼く前に下味用に使います。

| ブラックペパー | 小さじ1 |
| --- | --- |
| セロリシード | 小さじ1 |
| カイエンペパー | 小さじ½ |
| 乾燥したタイム | 小さじ½ |
| 乾燥したマジョラム | 小さじ½ |
| パプリカ | 小さじ2 |
| マスタードの粉末 | 大さじ1 |
| 塩 | 小さじ½ |
| 三温糖 | 大さじ1 |

**作り方**
ペパーとセロリシードをすり鉢ですりつぶし，ほかの材料と混ぜ合わせる。

## パプリカスパイス (右頁の写真)

ピリッと刺激的なブレンドで，鶏肉の料理によく合い，料理にほのかな赤色をつけることができます。

| ショウガ | 1かけ |
| --- | --- |
| ニンニク | 1かけ |
| パプリカ | 大さじ1 |
| クミンの粉末 | 小さじ2 |

**作り方**
ショウガとニンニクをすり鉢ですりつぶし，パプリカとクミンを加える。

## ジュニパースパイス

香り高いブレンドで，カスザメやマグロ，カジキなどの魚料理や，ステーキ，ラムなどによく合います。

| ジュニパーベリー | 大さじ2 |
| --- | --- |
| ブラックペパー | 小さじ1 |
| オールスパイス | 6個 |
| クローブ | 3個 |
| 乾燥したローレル | 3枚 |
| 塩 | 小さじ½ |

**作り方**
ローレルは細かくきざみ，そのほかの材料はすりつぶして混ぜ合わせる。

## フェンネルスパイス

フェンネルやレモンの皮を使うとさわやかなブレンドができあがります。魚料理とよく合います。

| ニンニク | 1かけ |
| --- | --- |
| ブラックペパー | 小さじ1 |
| フェンネル | 小さじ2 |
| コリアンダーの種 | 小さじ½ |
| すりおろしたレモンの皮 | 小さじ1 |
| 乾燥したタイム | 小さじ1 |

**作り方**
すり鉢でニンニクをすりつぶし，残りのスパイスを加えてさらにすりつぶしながら混ぜ合わせる。

基本のブレンド

マスタードの粉末

乾燥したタイム

カイエンペパー

乾燥したマジョラム

パプリカ

・アメリカのミックススパイス・

## パプリカスパイス

パプリカ

クミンの粉末

ショウガ

ニンニク

パプリカスパイス

三温糖

セロリシード

ブラックペパー

塩

基本のブレンド

107

・世界のミックススパイス・

# そのほかのミックススパイス

ここでは今までに登場したミックススパイスのバリエーションを地域ごとに紹介していきます。ペーストや粉末のもの，それにホールスパイスをそのままブレンドしたもの，そして辛いものから中辛，マイルドなブレンド，香りを楽しめるものなどさまざまあげてありますので，料理に合わせて工夫して使ってみましょう。

### 東アジア
## サンバルトラッシ

| トラッシ（154〜155頁参照） | 小片1個 |
|---|---|
| 生の赤トウガラシ | 4〜5個 |
| グリーンチリ | 1個 |
| 塩 | 小さじ1 |
| 三温糖（赤砂糖） | 小さじ1 |
| レモン汁またはライム汁 | 15㎖ |

**作り方**
トラッシをアルミホイルに包み，こんがりとするまで焼くか，180℃に予熱したオーブンに数分入れる。種を取り除いたチリを細かくきざみ，ほかの材料を全部合わせて滑らかなペースト状になるまですりつぶしながら練る。瓶に入れて冷蔵庫に保存し，数日のうちに使いきる。

**バリエーション**
◆砂糖小さじ1とタマリンドの濃縮ペースト5〜10㎖を加えたものがサンバルアセム。
◆キャンドルナッツ10個ほどを煎り，すりつぶして加えたものがサンバルケミリ。

## ナムプリ（野菜料理用）

| 未熟なフルーツ（マンゴー，グーズベリー，スモモ，ブドウなど） | 125g |
|---|---|
| 乾燥した赤トウガラシ | 6個 |
| トラッシ（154〜155頁参照） | 小片 |
| ニンニク | 3かけ |
| タマネギ | 1個 |
| 魚醤（ナムプラーまたはニョクマム，112頁参照） | 15㎖ |
| 三温糖（赤砂糖） | 大さじ1 |
| ライム汁 | 適量 |

**作り方**
果物を細かくきざみ，赤トウガラシも種を取り除いてきざむ。トラッシをアルミホイルに包んでこんがりと色がつくまで焼くか，180℃に予熱したオーブンに入れる。これをほかの材料と一緒にすりつぶし，好みによってライム汁でのばす。瓶に入れて冷蔵庫に保存し，数日のうちに使いきる。

### インド
## マドラスのカレーパウダー

香り高く，比較的辛いカレーパウダーです。ラムや豚肉に合います。

| 乾燥した赤トウガラシ | 2個 |
|---|---|
| コリアンダーの種 | 25g |
| クミン | 15g |
| マスタードの種 | 小さじ1 |
| ブラックペパー | 15g |
| 生のカレーリーフ | 2枚 |
| ジンジャーの粉末 | 小さじ½ |
| ターメリックの粉末 | 小さじ1 |

**作り方**
赤トウガラシの種を取り除いてカレーリーフや粉類以外の材料と一緒にこんがりと色がつくまで煎り，冷ましてからパウダー状にすりつぶす。カレーリーフはフライパンで数分煎り，細かく砕いてからすべての材料をよく混ぜ合わせる。密封瓶に入れて3〜4カ月保存できる。

### インド周辺
## チャーマサラ

インドの隣のアフガニスタンでは，よりシンプルなミックススパイスを米の料理などに使っています。

| シナモン | 大さじ1 |
|---|---|
| クローブ | 大さじ1 |
| クミン | 大さじ1 |
| ブラックカルダモンの種 | 大さじ1 |

**作り方**
材料を一度に混ぜ合わせるだけ。密封瓶に入れて3〜4カ月保存できる。

## 西インド諸島のカレーパウダー

19世紀に西インド諸島に移住したヒンズーの人々が伝えたミックススパイスで、今も西インド一帯で人気のカレーパウダーです。

| | |
|---|---|
| コリアンダーの種 | 25g |
| アニスの種 | 大さじ1 |
| クミン | 大さじ1 |
| ブラックマスタードの種 | 大さじ1 |
| フェネグリークの種 | 大さじ1 |
| ブラックペパーの実 | 大さじ1 |
| シナモン | 1かけ |
| ドライジンジャーの粉末 | 大さじ2 |
| ターメリックの粉末 | 大さじ2 |

**作り方**
ジンジャーとターメリック以外の材料を5分ほどフライパンで煎り、冷ましてからすべての材料を合わせてすりつぶす。密封瓶に入れて3〜4カ月保存できる。

### アフリカと中近東
## ワットスパイス

ワットとはエチオピアの煮込み料理のことで、このワットスパイスまたはベルベレ（92〜93頁参照）で味つけして仕上げます。

| | |
|---|---|
| ロングペパー | 6個 |
| ブラックペパー | 大さじ3 |
| クローブ | 大さじ3 |
| ロングナツメグ | 1個 |
| ターメリック | ひとつまみ |

**作り方**
ターメリック以外の材料はフライパンで弱火で煎り、粗くすりつぶしておく。ターメリックはきめの細かい乳鉢などで黄色い色が浮かび出るまですりつぶし、ほかの材料もすべて加えてさらにすりつぶす。このスパイスはワット料理の最後に加える。

## チュニジアの五香スパイス

アラビア語でガラダッカと呼ばれるブレンドスパイスで、野菜やラムの料理に使います。

| | |
|---|---|
| ブラックペパー | 小さじ2 |
| クローブ | 小さじ2 |
| パラダイスグレイン | 小さじ1 |
| すりおろしたナツメグ | 小さじ4 |
| シナモンの粉末 | 小さじ1 |

**作り方**
ペパー、クローブ、パラダイスグレインを一緒にすりつぶし、ナツメグとシナモンを加える。密封瓶に入れて3〜4カ月保存できる。

## ダッカ

ヘーゼルナッツの粉末や煎ったエジプト豆（中近東の食品を扱う店で手に入る）で作る、エジプトのブレンドスパイスです。パンをオリーブ油に浸したあと、これをつけて食べます。

| | |
|---|---|
| ゴマ | 125g |
| ヘーゼルナッツまたは煎ったエジプト豆 | 75g |
| コリアンダーの種 | 50g |
| クミン | 25g |
| 塩 | 小さじ1 |
| ブラックペパー | 小さじ1/2 |
| 乾燥したタイムまたはミント | 小さじ1 |

**作り方**
ゴマを煎り、焦げないうちにフライパンから取り出す。ヘーゼルナッツは5分ほど煎って皮を取るが、エジプト豆の場合はそれ以上煎らなくてもいい。コリアンダーの種とクミンの種はこんがりと色がつくまで煎り、すべての材料が冷めたら混ぜ合わせて粗くすりつぶす。密封瓶に入れ、涼しい場所に保存すれば3カ月ほどもつ。

### アメリカ
## カニのボイル・魚料理用のシーズニング

カニはアメリカの南東海岸、特にルイジアナ州で人気があります。カニをゆでるとき、一緒にホールのままこのミックススパイスを入れます。また、同じブレンドを粉にしたものが魚料理に使われています。

| | |
|---|---|
| ブラックペパー | 小さじ1 |
| マスタードの種 | 小さじ1 |
| ディル | 小さじ1 |
| コリアンダーの種 | 小さじ1 |
| クローブ | 小さじ1 |
| オールスパイス | 小さじ1 |
| ドライジンジャー | 小片 |
| 乾燥したローレル | 3枚 |

**作り方**
カニをゆでるとき、すべての材料をホールのまま木綿の袋に入れて口をしばり、釜の中に入れてカニと一緒にゆでると、ゆであがったカニに風味が移る。

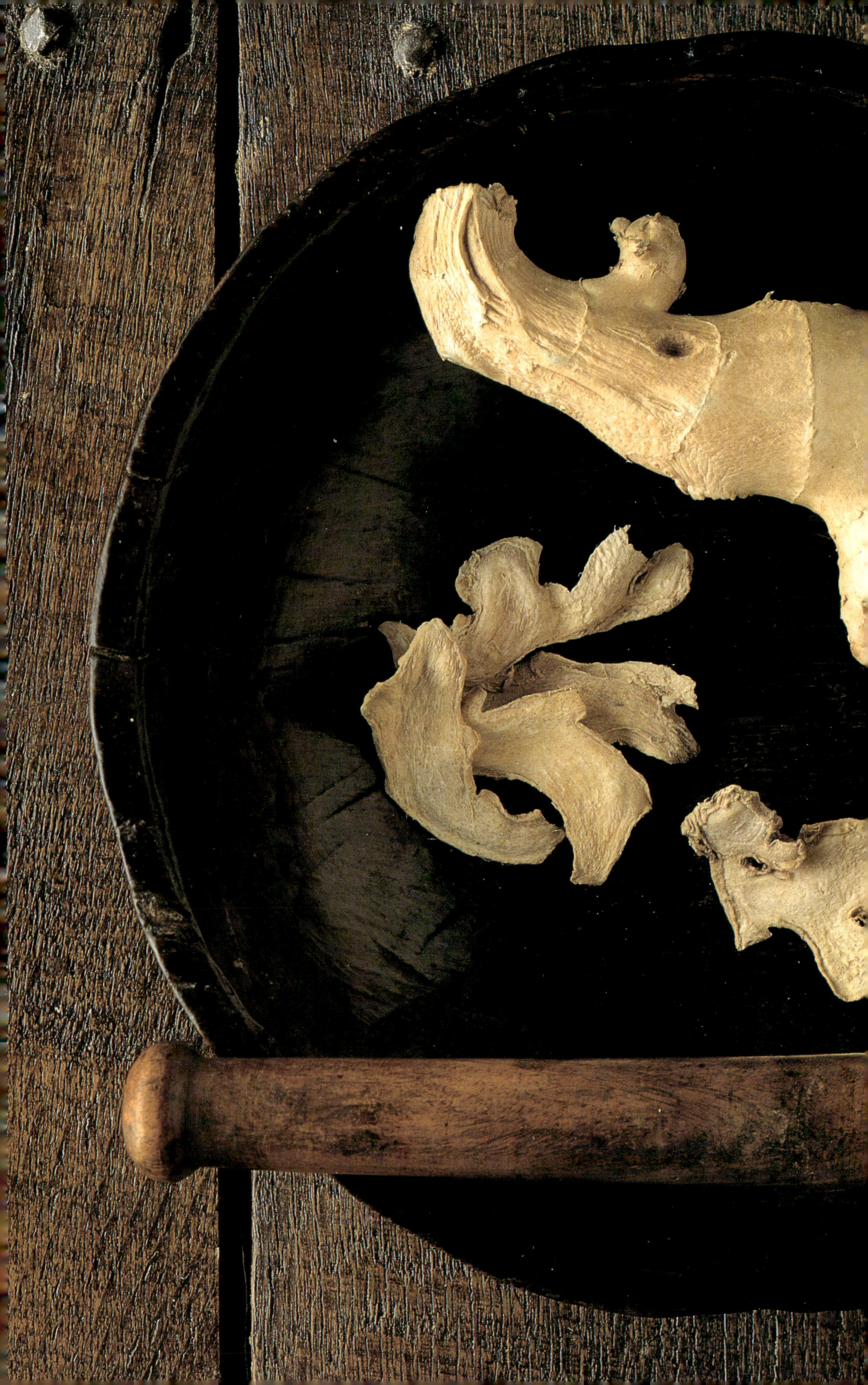

# スパイスのきいた料理

スパイスは世界中でスープやサラダ，キャセロール，ケーキ，ピクルス，ドリンクなどにバラエティ豊かに加えられています。味をひきたてるばかりでなく消化も助けるという大切な材料のひとつで，もはや食生活には欠かせないものであり，各国の食文化を象徴するといってもいいでしょう。この章では，世界中のスパイスやミックススパイスを使った100種類以上の料理を紹介します。使うスパイスについては2章，3章を参考にし，また，それぞれの準備のし方や保存方法などは154～155頁を参照してください。各料理に使用するスパイスの量は一応の目安として，自分で味見をしながら調節するのがコツといえます。

・スパイスのきいた料理・

# スープとオードブル

## パンプキンスープ

カボチャの外側を器代わりに利用する、楽しいスープです。もちろん鍋で作ってもかまいません。東南アジアの料理によく使われる塩味の干しエビを使います。これは中華食材店などで手に入りますが、市販の干しエビに少々塩を加えれば代用できます。エビを加えるとぐんとうま味が増します。

### 材料（4人分）
| | |
|---|---|
| 直径20cmくらいの小さめのカボチャ | 1個 |
| 塩 | 少々 |
| タマネギ | 中2個 |
| 米（あれば長粒種） | 大さじ3 |
| メースの粉末 | 小さじ½ |
| シナモンの粉末 | 小さじ½ |
| クミンの粉末 | 小さじ¼ |
| チキンストック（市販の固形チキンスープを溶いてもいい） | 約750mℓ |
| 干しエビ（好みで） | 25g |
| レモン汁（好みで） | 10mℓ（大さじ2） |

### 作り方
1　カボチャのヘタの部分をふたとして大きめに切り取る。種とワタを取り除き、皮に少し厚めの身を残してスプーンなどでほとんどすくい取る。
2　皮の内側に少量の塩をすりこみ、ぴったりとふたのできる耐熱皿（キャセロールなど）に入れる。くりぬいたカボチャの中にきざんだカボチャの身とタマネギ、米、スパイスを入れ、沸騰させたスープストックを¾まで注ぐ。ヘタのふたをして、あらかじめ160℃に熱したオーブンに約2時間ほど入れる。
3　エビを使う場合は少量の水に5〜10分漬けてふやかし、このつけ汁ごとレモン汁を加えてよく混ぜる。これをカボチャの火を止める20分前にスープに混ぜ入れる。
4　温めておいた皿にカボチャを丸ごと盛りつける。耐熱皿から取り出すのが難しければ、最初からそのまま食卓に出せるようなものを使うといい。

## ムール貝とサフランのスープ

### 材料（6人分）
| | |
|---|---|
| ムール貝 | 1kg |
| バター | 40g |
| タマネギ | 1個 |
| ネギ | 2本 |
| ニンジン | 1本 |
| セロリ | 1本 |
| 水 | 1本 |
| サフラン | 数本 |
| 塩 | 少々 |
| コショウ | 少々 |

### 作り方
1　ムール貝をよく洗い、ヒゲを取る。最初から開いているものや割れているものは使わない。底の広い鍋にムール貝を入れ、ひたひたの水を注いでふたをし、鍋を揺すりながら貝が開くまで強火にかける。殻の開かないものは捨て、開いたものの中身を取り出す。残った煮汁は布でこしてとっておく。
2　タマネギはみじん切り、ニラは4cmほどに切り、ニンジン、セロリは角切りにする。フライパンにバターを溶かし、タマネギ、ネギ、ニンジンを約5分炒めてセロリを加え、弱火でさらに10分ほど炒め、さきほどの貝の煮汁と水を加えて15分ほど煮る。
3　サフランは、少量の熱湯に煎じてスープに加え、塩とコショウで味つけする。
4　最後にムール貝を加えて火がとおったらできあがり。

## タイのフィッシュスープ

タイではナムプラー、ベトナムではニョクマムと呼ばれる、塩水で発酵させた魚から作る茶色の魚醤を使います。香りは熟したチーズに似ていますが、味はもっと控えめです。日本で比較的入手しやすいものです。

### 材料（4人分）
| | |
|---|---|
| 白身魚の切り身（煮くずれしないもの） | 500g |
| 軽めのフィッシュストック（カツオのだし汁でもいい） | 1250mℓ（カップ6杯強） |
| ガランガルの粉末 | 小さじ2 |
| レモングラス | 2本 |
| カフィルライムの葉 | 3枚 |
| ライム汁 | 45mℓ（大さじ3） |
| サンバルウラック（74〜75頁参照）かチリパウダー | 小さじ1 |
| 魚醤（ナムプラーまたはニョクマム） | 10mℓ（小さじ2） |
| 《あしらい》 | |
| あさつき | 3〜4本 |
| 生のコリアンダーの葉のみじん切り | 大さじ1 |
| ライムの薄切り | 数枚 |

### 作り方
1　魚の切り身をひと口大に切り、レモングラスはスライスしてから砕く。鍋にフィッシュストック、ガランガル、レモングラス、カフィルライムの葉を入れて沸騰させ、15分ほど煮だしてからこす。
2　こしたスープに魚、ライム汁、サンバル、魚醤を加えて弱火で4〜5分煮る。
3　魚に火がとおったら火からおろし、あさつきのみじん切りとコリアンダーの葉を散らし、ライムの薄切りを浮かせてできあがり。

## チキンとココナツのスープ

### 材料（4人分）
| | |
|---|---|
| 鶏（小） | 半羽 |
| クリームココナツ | 200g |
| ガランガルの粉末 | 大さじ1 |
| レモングラス | 3本 |
| グリーンチリ | 3個 |
| あさつき | 3本 |
| ライム汁またはレモン汁 | 45mℓ（大さじ1） |

・スープとオードブル・

　　　魚醬（ナムプラーまたはニョクマム，112頁参照）
　　　　　　　　　　　　　　　　……………30㎖（大さじ2）
　　　生のコリアンダーの葉のみじん切り…………大さじ2
　　　　　　　　　　　　作り方
**1**　チキンの皮をむいて骨は好みに応じて抜き，ひと口大に切る。
**2**　レモングラスはつぶしてスライスし，チリは種を取り除いて細かくきざむ。あさつきもみじん切りにする。クリームココナツは1250㎖（カップ6杯強）の熱湯に溶かしてココナツミルクにし，大きめの鍋で沸騰させる。これに鶏肉とガランガル，レモングラスを加え，15〜20分ほど煮る（このときふたをすると蒸気でココナツミルクが凝固してしまうのでふたはしないこと）。
**3**　チキンに火がとおったら鍋をおろし，残りの材料を加える。

## レンズ豆のスパイススープ

　　　　　　　　　材料（6〜8人分）
　　　ドライジンジャーの粉末………………………小さじ½
　　　ブラックペパーの粉末…………………………小さじ½
　　　ターメリックの粉末……………………………小さじ½
　　　フェネグリークの粉末…………………………小さじ½
　　　クローブの粉末…………………………………小さじ¼
　　　クミンの粉末……………………………………小さじ2
　　　カシアまたはシナモンの粉末…………………小さじ1
　　　レモンの皮をすりおろしたもの………………1個分
　　　オリーブ油…………………………60㎖（大さじ4）
　　　タマネギ…………………………………………大1個
　　　ニンニク…………………………………………3かけ
　　　茶色のレンズ豆…………………………………175ｇ
　　　セロリ……………………………………………2本
　　　トマト……………………………………………350ｇ
　　　スープストックまたは水…………1500㎖（カップ7杯半）
　　　塩……………………………………………………少々
　　　レモン汁………………………30〜45㎖（大さじ2〜3）
　　　生のパセリかコリアンダーの葉………大きめのもの1束
　　　チリパウダー（好みで）………………………小さじ¼
　　　　　　　　　　　　作り方
**1**　チリ以外の粉末のスパイスすべてを，レモンの皮と一緒に混ぜ合わせる。
**2**　タマネギ，セロリ，トマトをきざみ，ニンニクはすりこぎなどでたたいてつぶす。大きめの鍋でオリーブ油を熱し，タマネギを柔らかくなるまで炒める。1のスパイスを加えてかき混ぜながらさらに2〜3分炒め，ニンニクとレンズ豆を加える。豆にまんべんなくオリーブ油とスパイスがつくように混ぜる。
**3**　セロリとトマトを加えて数分火をとおしてからスープストックを入れ，ふたをして1時間ほど煮る。スープストックは固形スープを溶かしたものでもかまわない。レンズ豆が柔らかくなったら塩で味をつけ，さらに数分煮る。
**4**　必要に応じてスープストックか水で味を調節し，レモン汁，パ

セリまたはコリアンダーの葉をきざんだものを加え，好みに応じてチリパウダーをふりかける。

## セビッシュ

メキシコのオードブルで，魚を数時間レモン汁に漬けてしめてから使います。

　　　　　　　　　材料（4人分）
　　　鮭の切り身………………………………………175ｇ
　　　カレイまたはヒラメの切り身…………………175ｇ
　　　タラの切り身……………………………………175ｇ
　　　レモン汁…………………………………………2〜3個分
　　　ピーマン…………………………………………1〜2個
　　　タマネギ…………………………………………小1個
　　　アボガド…………………………………………½個
　　　トマト……………………………………………2個
　　　オリーブ油………………………………………125㎖
　　　コリアンダーの葉をきざんだもの……………ひとつかみ
　　　塩……………………………………………………少々
　　　コショウ……………………………………………少々
　　　　　　　　　　　　作り方
**1**　魚は皮と骨を除いて角切りにし，レモン汁と一緒に器に入れて全体にレモン汁がからむようにして冷蔵庫に最低5時間入れておく。
**2**　ピーマンは種を取って細かくきざみ，アボガドは皮と種を取って角切りにする。トマトも湯むきにして種を除いてきざみ，タマネギも小さく切る。
**3**　魚を取り出して野菜，オリーブ油，コリアンダーと混ぜる。塩とコショウで好みの味つけをし，よく冷やしてから食べる。

## スパイスフィッシュムース

　　　　　　　　　材料（4〜6人分）
　　　アニスの粉末……………………………………小さじ1
　　　アジョワン………………………………………小さじ2
　　　チリパウダー……………………………………小さじ½
　　　ニンニク…………………………………………2かけ
　　　白身魚の切り身…………………………………500ｇ
　　　大きめのむきエビ………………………………175ｇ
　　　サラダ油…………………………………………大さじ1
　　　タマネギ…………………………………………1個
　　　卵白………………………………………………3個分
　　　コリアンダーの葉をきざんだもの……………ひとつかみ
　　　塩……………………………………………………少々
　　　生クリーム………………………………………150㎖
　　　　　　　　　　　　作り方
**1**　ニンニクはすりこぎなどでたたいて細かく砕き，塩をまぶす。これをアニス，アジョワン，チリパウダーと合わせ，ペースト状に

なるまでよく混ぜる。白身魚の切り身はひと口大に切り，ペーストに混ぜて30分ほど漬けこむ。
2　エビは背わたを取ってゆで，1匹を2つから3つに切る。タマネギは小さくきざみ，サラダ油を熱して茶色にならないようにして柔らかくなるまで炒め，火からおろして冷ます。
3　魚とタマネギをフードプロセッサかミキサーで細かくする。
4　卵白と生クリームを別々に泡立て，まず卵白を3に加える。さらにエビ，コリアンダー，少量の塩を加えてから生クリームを切るようにして加える。
5　1ℓのスフレ皿の内側にバターを塗り，4を入れる。あらかじめ140℃に熱しておいたオーブンの天板に水を張った上に乗せ，45～50分ほど蒸らす。蒸し器を使ってもいい。ぬるくなってから冷蔵庫で冷やす。

## インディアンフルーツチャット

フルーツは何を使ってもかまいませんが，いくつかは必ずトロピカルフルーツを入れるようにしましょう。

材料（6人分）

| | |
|---|---|
| ジャガイモ | 3個 |
| キュウリ | ½本 |
| 熟したバナナ | 2本 |
| 熟したパパイヤ | 1個 |
| 熟したマンゴー | 1個 |
| リンゴ | 1個 |
| 生のパイナップルの輪切り | 2枚 |
| オレンジ | 1房 |
| チャットマサラ（86～87頁参照） | 大さじ2 |
| レモン汁 | 1個分 |
| レタス | 少々 |

作り方

1　ジャガイモはゆでて角切りにし，キュウリは皮と種を除いて角切りにする。バナナは輪切りにし，パパイヤ，マンゴー，リンゴ，パイナップルは角切りにする。野菜とフルーツすべてをボールに入れ，チャットマサラとレモン汁をふりかける。
2　レタスを皿に敷き，その上に盛りつける。

## ポットシュリンプ

芝エビや小エビはこの料理に最適の材料ですが，もっと大きなエビを小さく切って使ってもかまいません。

材料（4人分）

| | |
|---|---|
| むきエビ | 300g |
| 無塩バター | 175g |
| カイエンペパー | ひとつかみ強 |
| メースの粉末 | 小さじ½ |
| ブラックペパー | 少々 |
| レモン汁 | 少々 |

1　エビはゆでて皮をむき，背わたを取って4つくらいに切る。
2　バター125gを溶かし，上澄みを除いてカイエンペパーとメースを加える。挽きたてのブラックペパー少々とレモン汁も入れる。
3　2をエビの上に注ぎ，バターが固まるまで冷やす。つぎに残りのバターを溶かし，上澄みだけをさらに注いでコートし，再び冷や

す。トーストを添え，レモンの輪切りを飾る。

## シャミカバブ

材料（4人分）

| | |
|---|---|
| ラム挽肉 | 500g |
| エジプト豆 | 50g |
| タマネギ | 小1個 |
| ニンニク | 4かけ |
| ブラッククミンの粉末 | 小さじ1 |
| シナモンの粉末 | 小さじ1 |
| チリパウダー | 小さじ1 |
| ガラムマサラ（84～85頁参照） | 小さじ1 |
| コリアンダーの葉のみじん切り | 少々 |
| カシューナッツのみじん切り | ひとつかみ |
| 塩 | 少々 |
| 卵 | 2個 |
| レモン汁 | 30mℓ |
| 揚げ油 | 適量 |

1　タマネギとニンニクはみじん切りにし，ラムとエジプト豆，スパイス類，コリアンダーの葉，カシューナッツ，塩と合わせる。
2　1をよく混ぜ合わせ，卵とレモン汁を加える。
3　2を8等分し，手を濡らしてからそれぞれを平たいハンバーグ型にする。
4　フライパンで揚げ油を熱し，3を2個ずつ入れる。裏返して両面に焦げめがつくまで3～4分ほど揚げ，コリアンダーの葉のみじん切りをふりかけて出す。

## ニシンのマリネ

材料（4人分）

| | |
|---|---|
| ニシンの切り身 | 4尾分 |
| 塩 | 小さじ1 |
| 牛乳 | 150mℓ |
| マスタード | 大さじ2 |
| ペパー（ホール） | 4粒 |
| ジュニパーベリー | 4粒 |
| オールスパイスの実 | 4粒 |
| ディルの種 | 小さじ¼ |
| ブーケガルニ | 1束 |
| タマネギ | 1個 |
| シードルビネガーまたはワインビネガー | 450mℓ |
| サラダ油 | 50mℓ |

1　牛乳に塩を加え，これにニシンの切り身を3時間ほど漬けこむ。
2　牛乳からニシンを取り出して乾いたふきんで水気を拭き取り，マスタードを塗ってから皮を外側にしてくるくると巻いて楊枝でとめる。大きめの瓶か陶器のボールなどに入れておく。
3　ペパー，ジュニパーベリー，オールスパイスを軽く砕き，ディル，ブーケガルニ，みじん切りにしたタマネギ，ビネガーと合わせてフライパンに入れる。沸騰してから10分ほど煮て，少し冷めてからブーケガルニを取り除く。
4　3にサラダ油を加え，2のニシンの上に注ぐ。ふたをして，冷蔵庫で3～4日漬けこんでから食べる。

# 魚料理

## スズキのスターアニス詰め

材料（4人分）

| | |
|---|---|
| スズキ | 1.5kgほどのもの1尾 |
| ショウガのみじん切り | 大さじ1 |
| ラオチューまたはシェリー酒 | 30mℓ |
| 五香粉(72〜73頁参照) | 小さじ2 |
| スターアニス | 4個 |
| あさつき | 4本 |
| 醬油 | 15mℓ(大さじ1) |
| ゴマ油 | 10mℓ(小さじ2) |
| 塩 | 少々 |

作り方

1　スズキはわたを取って両面に対角線に包丁目を入れる。
2　ショウガ，酒，五香粉を混ぜたものにスズキを漬け，そのまま1時間ほどおいておく。
3　あさつきはみじん切りにしてスターアニス，醬油，ゴマ油，塩と一緒に混ぜて魚の腹の中に詰め，内側に油を塗ったアルミホイルで包む。
4　あらかじめ200℃に熱しておいたオーブンで20〜25分ほど焼く。

## サーモンのジンジャーとライム蒸し

シェリー酒に細かく切ったショウガを漬け，小さな瓶に入れて冷蔵庫に保存しておくといろいろな料理に利用でき，ショウガの保存にも役立ちます。

材料（4人分）

| | |
|---|---|
| ゴマ油 | 15mℓ(大さじ1) |
| 醬油 | 15mℓ(大さじ1) |
| ショウガのみじん切り | 大さじ1 |
| ドライシェリー | 30mℓ(大さじ2) |
| ステーキ用のサーモンの切り身 | 4枚 |
| 塩 | 少々 |
| ライムの皮 | 1個分 |
| あさつきまたはチャイブ | 2〜3本 |
| ライムのくし形切り | 1個 |

作り方

1　ゴマ油と醬油，ショウガ，シェリー酒を混ぜ合わせてサーモンの切り身を30分ほど漬けこむ。
2　サーモンの切り身に塩少々をふり，皿に乗せてアルミホイルをかけ，蒸気の立った蒸し器に入れる。蒸し器に入れるのにちょうどいい大きさの皿がない場合は切り身を直接アルミホイルで包んで入れてもいい。
3　サーモンに熱がとおるまで，12分ほど蒸す。出た汁ごと皿に盛ってみじん切りにしたライムの皮とあさつきを乗せ，ライムのくし形切りを添える。

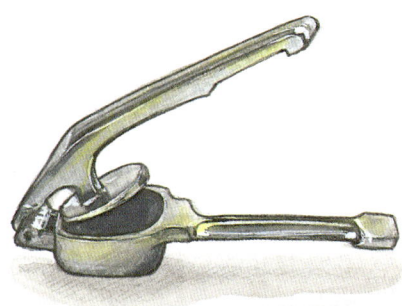

## 魚のシチュークスクス添え

クスクスとは北アフリカの代表的な民族料理のひとつで，少し湿らせた穀類の粉を盆にころがして小さな粒にし蒸したもの。これをいろいろな料理に添えて出します。魚のシチューのクスクス添えはチュニジア周辺によく見られます。味つけは普通，サフランとクミン，コリアンダーで，好みによってはクミンとコリアンダーの代わりにタビル(94〜95頁参照)を使ってもかまいません。魚はチュニジアではグレイマレット(ボラの一種)やタイを使いますが，身のしまった新鮮なものならどんな種類でもOKです。残った煮汁をこして魚の身や野菜くずをきれいに取り除けば，コクのあるスープストックとなります。

材料（6人分）

| | |
|---|---|
| 魚 | 1.5kgほどのもの1尾 |
| タマネギ | 大2個 |
| セロリ | 2本 |
| ニンジン | 3本 |
| カブ | 小3個 |
| ズッキーニ | 3本 |
| キャベツ | 125g |
| 水煮の大豆 | 125g |
| トマト | 3個 |
| 塩 | 少々 |
| カイエンペパー | ひとつまみ |
| 水 | 1800mℓ |
| クスクス | 500g |
| サラダ油 | 45mℓ |
| サフラン | 小さじ½ |
| タビル(94〜95頁参照) | 小さじ1½ |
| または | |
| クミンとコリアンダーの粉末 | 合わせて小さじ1½ |
| ハリッサ(94〜95頁参照)またはパプリカと | |
| カイエンペパー | 少々 |

作り方

1　タマネギ，セロリ，ニンジン，カブ，ズッキーニを大きめの乱切りにする。魚は頭を落としてわたを取り，大きめの切り身にする。キャベツはせん切りにし，トマトは湯むきにして4つに切る。魚の頭と野菜クズとを1200mℓの水に入れて塩とカイエンペパーを加え，20分ほど煮て布でこし，スープストックをとる。全部で1800mℓになるまで水を加える。
2　1を煮ている間にクスクスの準備をする。600mℓの水を大きめのボールに入れ，クスクスを加えてよくかき混ぜ，10分ほどおく。さらにかたまりがなくなるように指先でかきくずし，サラダ油30mℓをふりかける。
3　残りのサラダ油を厚手の鍋に入れ，タマネギが透きとおるまで炒める。これにセロリ，ニンジン，カブと1のスープストックを入れ，つぎにサフランとタビルを入れて塩で味を整えてからふたをして15分ほど煮，残りの野菜を加える。
4　魚を3に入れ，火がとおるまで10〜12分煮る。クスクスはさらしのふきんで包んで蒸し器で10分ほど蒸す。
5　クスクスを大きめのボールにあけ，かたまりがあったら木べらでくずす。4で煮たスープをおたま1杯分ほど取り，ハリッサまたはパプリカとカイエンペパーを合わせたものを好みで溶かして入れる。これをクスクスにかけるか，別添えにしてだす。

## イカのホウレンソウ包み サフラン風味

日本のホウレンソウは小さいので、キャベツで代用して変わりロールキャベツ風にしあげてもいいでしょう。

#### 材料（4人分）

| | |
|---|---|
| ロールイカ | 750g |
| 塩 | 少々 |
| コショウ | 少々 |
| サフラン | 小さじ½～¾ |
| 白ワイン（ドライ） | 150mℓ |
| 水 | 150mℓ |
| ホウレンソウ | 500g |
| バター | 少々 |

#### 作り方

1　ロールイカをさいの目に切り、塩とコショウをまぶす。
2　サフランを砕いて少量の熱湯に数分浸す。ワインと水を広めの鍋に入れて火にかけ、サフランをつけ汁ごと入れる。
3　イカを2の鍋に入れ、5～6分煮てから取り出す。
4　できるだけ大きいホウレンソウの葉を1人につき3～4枚選び、洗って茎を取り除いてから2～3分間熱湯でゆがく。
5　ホウレンソウの葉を広げて茎に近い方に3をいくつか乗せ、左右をきちんと巻き込みながらくるくると巻く。バターを塗った耐熱皿の上に巻き終わりの端が下になるように並べる。
6　3の煮汁をこして5の上にかけ、アルミホイルでふたをしてあらかじめ180℃に熱しておいたオーブンで15分ほど加熱する。

## アンコウのココナツミルク焼き

とてもシンプルな東南アジアのスパイス料理です。

#### 材料（4人分）

| | |
|---|---|
| アンコウの切り身 | 1kg |
| エシャロット | 2個 |
| ニンニク | 2かけ |
| ショウガ | 1かけ |
| チリパウダー | 小さじ¼ |
| クミンの粉末 | 小さじ½ |
| コリアンダーの粉末 | 小さじ1 |
| ガランガルの粉末 | 小さじ¼ |
| またはガランガルの根を砕いたもの | 小さじ¼ |
| 塩 | 少々 |
| レモングラス | 1本 |
| クリームココナツ | 25g |
| またはココナツミルク | 150mℓ |

#### 作り方

1　アンコウの骨を抜き、4つに切る。
2　ショウガは皮をむき、エシャロット、ニンニクと一緒に薄切りにしてよく混ぜる。アンコウを重ならないように並べられるくらい広い耐熱皿を用意し、半量を底に入れる。
3　粉末のスパイス類すべてと塩少々をよく混ぜ合わせ、アンコウの両面にすりこむ。これを2の皿に並べ、きざんだレモングラスを切り身の間に入れて2の残りの半分を上にかぶせる。
4　クリームココナツは150mℓの熱湯に溶かしてココナツミルクにして3にかけ、あらかじめ180℃に熱しておいたオーブンで30～40分調理する。

## ツナステーキのグリル

スペインのセビリア産のオレンジがいちばん合うので、手に入ることがあったらしぼって冷凍しておくといいでしょう。手に入らない場合はレモンのしぼり汁とオレンジのしぼり汁とを半々ずつ混ぜて使います。ツナステーキは、焼き網にはさんで直火で焼いてもおいしくできあがります。

#### 材料（4人分）

| | |
|---|---|
| アジョワン | 小さじ1 |
| グリーンペパーの実 | 小さじ1 |
| 生のタラゴンのみじん切り | 小さじ1 |
| 塩 | 少々 |
| ツナステーキ | 小さめのもの4枚 |
| セビリアオレンジ | 2個 |
| オリーブ油 | 少々 |

#### 作り方

1　アジョワンとペパーの実は砕き、タラゴンと塩少々と混ぜ合わせます。
2　1をツナステーキの両面にすりこみ、オレンジのしぼり汁に浸して30分以上おいておく。
3　焼き網を熱し、少量のオリーブ油を網とツナステーキにふって、ときどきつけ汁をつけながら10分ほど焼き、裏返して焼きあげる。

## クルマエビとマンゴーのカレー

#### 材料（4人分）

| | |
|---|---|
| 大きめのクルマエビ | 殻を取って500g |
| 塩 | 少々 |
| タマネギ | 4個 |
| ニンニク | 3かけ |
| ショウガ | 1かけ |
| サラダ油 | 45mℓ（大さじ3） |
| グリーンチリ | 6個 |
| コリアンダーの粉末 | 大さじ2 |
| ターメリックまたはゼドアリーの粉末 | 小さじ½ |
| アニスの粉末 | 小さじ1 |
| フェネグリークの粉末 | 小さじ1 |
| マンゴーパウダー | 小さじ½ |
| マスタードの種 | 小さじ½ |
| クリームココナツ | 250g |
| またはココナツミルク | 450mℓ |
| 熟したマンゴー | 2個 |

#### 作り方

1　クルマエビは殻を取って塩少々をまぶしておく。
2　タマネギのうち2つは薄切りに、残りの2つはみじん切りにする。ニンニクとショウガはすりこぎなどでたたきつぶし、みじん切りのタマネギとよく混ぜる。
3　チリは種を取ってきざみ、クリームココナツは450mℓの熱湯に溶かしてココナツミルクにしておく。鍋にサラダ油を熱して2を2～3分炒め、薄切りにしたタマネギとチリを加えてさらに数分炒める。
4　スパイス類をすべて混ぜ合わせ、ココナツミルクに入れてかき混ぜながら3に加え、8～10分煮る。ココナツミルクが凝固しないように、ふたはしないでときどきかき混ぜる。
5　マンゴーは皮をむいて薄切りにし、クルマエビと一緒に4に加え、ふたをしてさらに6～7分、火がとおるまで煮る。煮すぎるとクルマエビが固くなるので注意する。
6　ごはんにかけて食べる。

▶クルマエビとマンゴーのカレー　味つけはショウガ、フェネグリーク、アニス、マンゴーパウダー、ターメリック、マスタードの種、コリアンダーで

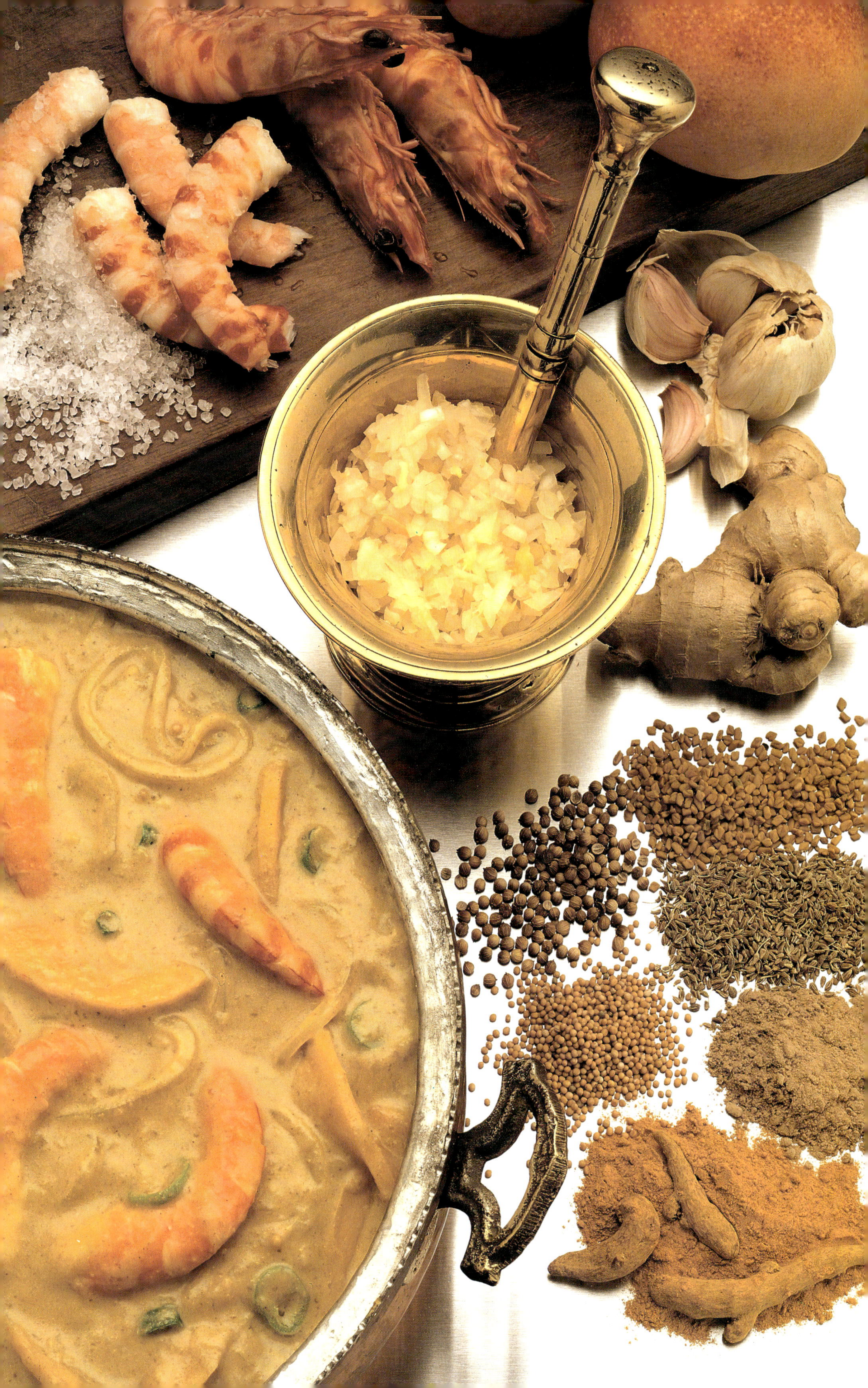

・スパイスのきいた料理・

## カニとグリンピースの スパイスソース

材料(4人分)

| | |
|---|---|
| グリンピース | 250g |
| ドライシェリー | 90ml(大さじ6) |
| ゴマ油 | 30ml(大さじ2) |
| 醤油 | 15ml(大さじ1) |
| チリソース | 小さじ½ |
| 粉サンショウ | 小さじ½ |
| サラダ油 | 15ml(大さじ1) |
| レモンの皮 | ½個分 |
| ニンニク | 2かけ |
| カニの身(缶詰でも可) | 350g |
| あさつき | 4本 |

作り方

1　グリンピースは柔らかくなるまでゆでる。
2　シェリーとゴマ油，醤油，チリソース，粉サンショウを混ぜる。
3　レモンの皮とニンニク，あさつきはみじん切りにする。鍋にサラダ油を熱してレモンの皮とニンニクをさっと炒め，つぎにほぐしたカニの身を入れてさらに1～2分炒める。
4　3に2のソースをかけ，よくなじむように鍋を揺らしながら火を十分にとおす。温めた皿の中央にこれを盛り，あさつきを上にふりかけ，周りにグリンピースを飾る。

## ホタテ貝とネギの スターアニスクリーム添え

材料(4人分)

| | |
|---|---|
| ホタテ貝 | 8個 |
| バター | 25g |
| エシャロット | 2個 |
| ネギ | 350g |
| 白ワイン(ドライ) | グラス½ |
| スターアニス | 2個 |
| レモン汁 | 15ml(大さじ1) |
| 塩 | 少々 |
| ホワイトペパー | 少々 |
| 生クリーム | 30ml(大さじ2) |

作り方

1　ホタテ貝の殻を取り，身を横半分に切る。
2　エシャロット，ネギはみじん切りにする。厚手の鍋にバターを熱し，弱火でエシャロットを数分炒めてからネギ，半量のワイン，スターアニスを加える。塩とホワイトペパーで味をつけ，ふたをして弱火のまま15分ほど煮て火からおろす。
3　残りのワインを小さな鍋に入れ，レモン汁とホタテ貝を入れて沸騰させ，約1分煮る。ホタテ貝が白くなったらくずれないように注意して鍋から取り出す。
4　人数分の皿に2を分け，その上にホタテ貝を乗せる。
5　3の鍋に料理酒少量と残りのスターアニスを入れて45～60ml(大さじ3～4)くらいになるまで煮つめ，クリームを混ぜ入れる。塩とホワイトペパーで味を整え，4の上にかける。

## タラのマスタード焼き

材料(4人分)

| | |
|---|---|
| タラの切り身 | 4枚 |
| 塩 | 少々 |
| ホワイトペパー | 少々 |
| ディジョンマスタード | 30ml(大さじ2) |
| バター | 40g |
| ネギ | 350g |
| チコリ | 2個 |
| 白ワインまたは水 | 30～45ml(大さじ2～3) |

作り方

1　タラの切り身の両面に塩とペパーをまぶし，マスタードを塗る。
2　ネギとチコリはみじん切りにする。鍋にバターを溶かしてネギとチコリがしんなりするまで炒め，汁気をきって半量をバターを塗った耐熱皿に入れる。
3　タラを2の皿に入れ，上からネギとチコリの残りをかけてワインをふりかける。
4　皿にふたをしてあらかじめ200℃に熱しておいたオーブンで20～30分焼く。

## オリエンタルシーフードサラダ

ここで使う材料はほんの一例です。素材や量についてはそのとき手に入るもの，また好みによって自由に変えてかまいません。

材料(6～8人分)

| | |
|---|---|
| ヤリイカ | 350g |
| イイダコ | 500g |
| だし汁 | 450ml |
| 大正エビ | 500g |
| ホウレンソウ | 500g |
| キュウリ | 1本 |
| メロン | 小½個 |
| レッドペパー | 2個 |
| パパイヤ | 2個 |
| 松の実 | ひとつかみ |
| 《ドレッシング》 | |
| レモン汁 | 1½個分 |
| 三温糖(赤砂糖) | 大さじ2 |
| チリソース | 10ml(小さじ2) |
| あさつき | 5～6本 |
| ショウガ | 1かけ |
| 魚醤(ナムプラーまたはニョクマム，112頁参照) | 30ml(大さじ2) |
| コリアンダーの葉 | 1束 |
| ヒマワリ油 | 90ml(大さじ6) |
| 塩 | 少々 |

作り方

1　イカは洗い，ワタを取り除いて皮をむき，胴は輪切りにする。足は食べやすい長さに切る。イイダコはそのまま。だし汁を沸騰させ，イカは12分ほど，タコは20分ほど，柔らかくなるまでゆでて水気をきっておく。
2　大きめの鍋に塩を入れた水を沸騰させ，大正エビの色が変わるまで2～3分ほどゆで，水気をきって氷水でさっと冷やす。冷えたら水気をきって殻をむいておく。
3　ホウレンソウは1分ほどゆで，水気をきってしぼってから食べやすい長さに切る。
4　キュウリとメロンをサイコロ形に切り，レッドペパーとパパイヤも同じくらいの大きさに切る。乾いたフライパンの上で松の実をきつね色になるまで煎る。
5　あさつきとコリアンダーの葉はみじん切りにし，ドレッシング

118

の材料を合わせて塩で味を調整する。
6　大皿にホウレンソウを敷き，サラダの材料を色どりよく盛りつける。食卓に出す直前にドレッシングをかける。

## アボガドと
## ジンジャー風味のカニサラダ

2人分の軽いサラダです。同じ量で4人分のコース料理のオードブルにしてもいいでしょう。

材料（2人分）

| | |
|---|---|
| カニの身（缶詰でも可） | 250g |
| 紅ショウガまたはショウガの酢漬け | 大さじ2 |
| レモンの皮 | ½個分 |
| レモン汁 | ½〜1個分 |
| アボガド | 1個 |
| カブの葉 | 数枚 |
| オリーブ油 | 少々 |
| 粉サンショウ | 少々 |

作り方

1　レモン汁は少し残しておき，水気をきった紅ショウガとレモンの皮を入れて，ほぐしたカニの身を30分ほど漬けこみマリネにする。
2　アボガドは半分に切って種と皮を除き，薄切りにして1の残りのレモン汁をふりかけて変色を防ぐ。
3　カブの葉を人数分の皿に敷き，皿の片側にアボガドを乗せ，カニの身と紅ショウガをもう片方に盛る。オリーブ油を全体にふりかけ，粉サンショウを添えて出す。

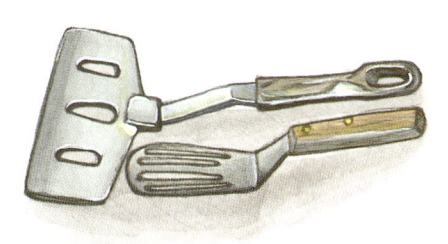

## ムール貝のホットサラダ

材料（4〜6人分）

| | |
|---|---|
| ムール貝 | 1.5kg |
| 白ワイン（ドライ） | 150ml |
| ジャガイモ | 500g |
| キュウリ | 1本 |
| 塩 | 少々 |
| オリーブ油 | 30ml（大さじ2） |
| エシャロット | 4個 |
| アニスの種の粉末 | 小さじ1 |
| セロリ | 5本 |
| 生クリーム | 90ml（大さじ6） |

作り方

1　大きめの鍋に洗ったムール貝を並べ，白ワインをかける。ふたをして，殻が開くまでときどき鍋を揺すりながら火にかける。火からおろしたら汁気をきり，殻から身を取り出す。殻が開いていない貝は捨てる。鍋の中の汁はとっておく。
2　ジャガイモは柔らかくなるまでゆでて皮をむき，厚めに切る。
3　キュウリは角切りにして塩をふり，30分ほどおいておく。
4　セロリは輪切りまたはたんざく形に切る。エシャロットは小さくきざみ，オリーブ油を熱して数分炒める。アニスの種の粉末を加え，さらに2〜3分炒めてからセロリとジャガイモ，キュウリを加える。
5　布で1の汁をこして150mlほどを4に加え，約5分煮て塩コショウで味を整える。
6　ムール貝と生クリームを加え，型くずれしないように注意しながらさっと混ぜてできあがり。

# 肉料理

## ラムのザクロジュース

材料（4〜6人分）

| | |
|---|---|
| ヒマワリ油 | 45ml（大さじ3） |
| カルダモン | 3個 |
| クローブ | 3個 |
| フェネグリークの種 | 小さじ1 |
| ラム（脂の少なめのものを選ぶ） | 1kg |
| タマネギ | 大1個 |
| ニンニク | 2かけ |
| ショウガ | 1かけ |
| ザクロの汁 | 2個分 |
| または | |
| ザクロのシロップ | 45ml（大さじ3） |
| ブラッククミンの粉末 | 小さじ½ |
| シナモンの粉末 | 小さじ½ |
| メースの粉末 | 小さじ½ |
| 塩 | 少々 |
| プレーンヨーグルト | 75ml（大さじ5） |
| ミントの葉 | 少々 |

作り方

1　カルダモンは砕き，ラムは角切り，タマネギは薄切り，ニンニク，ショウガ，ミントの葉はみじん切りにする。ザクロのシロップを使う場合は，水で300mlになるまで薄めておく。
2　厚手の鍋にヒマワリ油を熱し，カルダモンとクローブ，フェネグリークを入れて焦げないようによくかき混ぜながらさっと炒め，油に香りをつける。
3　2の鍋からスパイスを取り除き，ラムを入れて鍋を揺すりながら，全体がこんがりとして一度出た肉汁が再び肉に吸収されるまで炒める。
4　3にタマネギとニンニク，ショウガを加え，タマネギが透き通るまで炒める。これにザクロ汁を少量混ぜ入れ，肉が吸収したらさらに少量を加えるようにしながら全部加える。油のほかにはあまり汁けが残っていないくらいになるまで火をとおす。
5　粉末のスパイス類を4にふり入れ，塩で味を整えながら軽く炒めて最後にヨーグルトを加える。
6　しっかりとふたをし，ごく弱い火でゆっくりと30〜40分，ラムが柔らかくなるまで煮る。ときどきふたを開けて焦げついていないか確かめ，焦げつきそうだったらヨーグルトか水を少量加える。できあがったらミントの葉をふり，ご飯を添える。

## ラムコフタ

スパイシーな挽き肉のカバブで，中近東でよく作られます。

#### 材料（4人分）
| | |
|---|---|
| ラムの挽き肉（脂の少なめのものを選び，できれば2度挽きしたものがいい） | 500g |
| タマネギ | 1個 |
| 生のパセリ | 1束 |
| オールスパイスの粉末 | 小さじ1 |
| フェネグリークの粉末 | 小さじ¼ |
| レッドペパーの粉末 | 1つまみ |
| 塩 | 少々 |
| サラダ油 | 少々 |
| レモン | 少々 |
| スーマックの粉末 | 少々 |

#### 作り方
1　タマネギ，パセリはみじん切りにし，挽き肉と一緒にボールに入れてオールスパイス，フェネグリーク，レッドペパー，塩を合わせてよく混ぜ合わせる。
2　1を4つに分け，手を濡らしてからそれぞれを焼き串の周りにソーセージ形にくっつける。
3　それぞれにサラダ油少々を塗りつけ，できれば炭火で10～15分，ときどき串を回しながら焼く。
4　レモンの串形切りとスーマックの粉末を添えて出す。

## ラムと豆のシチュー

トルコで冬に作られるシチューをアレンジしてみます。

#### 材料（4人分）
| | |
|---|---|
| ラムチョップ | 大4個 |
| エジプト豆 | 125g |
| 茶色のレンズ豆 | 125g |
| 水 | 1800㎖ |
| バター | 50g |
| タマネギ | 大2個 |
| トマトピューレ | 30㎖（大さじ2） |
| ターキッシュレッドペパー | 小さじ1 |
| または | |
| パプリカとカイエンペパー | 各小さじ½ |
| コリアンダーの種の粉末 | 大さじ1 |
| 塩 | 少々 |
| コショウ | 少々 |
| ジャガイモ | 大2個 |

#### 作り方
1　エジプト豆はひと晩水に漬けておく。
2　肉の余分な脂を切り取り，大きめの鍋にエジプト豆，レンズ豆，水と一緒に入れてゆっくりと沸騰させ，あくをとる。
3　2を火にかけている間にジャガイモを厚めのスライスにし，水にさらしておく。次に鍋にバターを溶かしてきざんだタマネギを柔らかくなるまで炒め，トマトピューレ，スパイス類と塩を混ぜ入れて火から下ろし，ジャガイモと一緒に2に加える。
4　ふたをして弱火で1時間半から2時間ほど，エジプト豆が柔らかくなり，とろみがつくまで煮る。煮汁が少なければ少量の熱湯でのばす。

## ラムのモロツィーヤ

冷蔵庫などなかった時代には，モロッコではこうして肉を保存していました。

#### 材料（6人分）
| | |
|---|---|
| サフラン | 数本 |
| ラセラヌー（96～97頁参照） | 小さじ2 |
| ブラックペパーの粉末 | 小さじ1 |
| シナモンの粉末 | 小さじ1 |
| 塩 | 少々 |
| ラムの骨つき肩肉 | 1.5kg |
| レーズン | 250g |
| アーモンド | 175g |
| タマネギ | 3個 |
| バター | 125g |
| 水 | 150㎖ |
| 蜂蜜 | 175g |

#### 作り方
1　サフランは乳鉢かすり鉢ですりつぶし，ほかのスパイス類，塩と混ぜ合わせる。少々残してラムに塗りつけ，残りはレーズンにふりかける。
2　タマネギはみじん切りにし，厚手の鍋にラム，アーモンド，バター，水と一緒に入れて1～1時間半ほど，肉が柔らかくなるまで煮る。必要に応じて水を加え，焦げつかないように注意する。
3　レーズンと蜂蜜を混ぜ入れ，ふたをしないでさらに30分ほど弱火で煮る。汁気がほとんど蒸発してソースが濃くなるまで煮つめる。温めた皿にラムを盛りつけ，煮つめたソースをかける。

## タイ風ビーフカレー

#### 材料（6人分）
| | |
|---|---|
| サラダ油 | 45㎖（大さじ3） |
| 牛肉の角切り | 750g |
| タマネギ | 4個 |
| ジャガイモ | 500g |
| レッドカレーペースト（78～79頁参照） | 30㎖（大さじ2） |
| 魚醤（ナムプラーまたはニョクマム，112頁参照） | 30㎖（大さじ2） |
| タマリンド | 1かたまり |
| 砂糖 | 大さじ1 |
| クリームココナツ | 350g |
| または | |
| ココナツミルク | 900㎖ |
| カレーリーフ | 3枚 |
| カルダモン | 6個 |

#### 作り方
1　鍋にサラダ油を熱し，牛肉の全体に焦げめがつくまで炒める。牛肉を取り出し，4つ切りにしたタマネギと，肉と同じ大きさに切ったジャガイモを入れて数分炒めてから取り出す。
2　タマリンドは45㎖（大さじ3）の熱湯に漬けてしぼり，タマリンドウォーターを作る。クリームココナツは熱湯900㎖に溶かしてココナツミルクにする。市販のココナツミルクを使う場合はそのまま用

・肉料理・

いる。1の鍋でカレーペーストを炒め，魚醬，タマリンドウォーター，砂糖，ココナツミルクを加えて沸騰させる。
3　火を弱め，1の肉と野菜を鍋に戻してカレーリーフと砕いたカルダモンを加える。ふたをして約2時間煮，ときどき様子を見て焦げつかないように注意し，必要ならば水を加える。

## 担々麺

材料（6人分）
- サーロインステーキ（脂の少なめのものを選ぶ）……350g
- 醬油……………………………………60㎖（大さじ4）
- 米酢……………………………………45㎖（大さじ3）
- ニンニクのみじん切り…………………………小さじ1
- ショウガのみじん切り…………………………小さじ1
- 砂糖………………………………………………小さじ1
- 赤トウガラシ……………………………………2～3個
- あさつき………………………………………………10本
- コリアンダーの葉のみじん切り…………軽くひとつかみ
- ピーナツ油……………………………60㎖（大さじ4）
- 卵乾麺……………………………………………350g
- 煎りゴマ…………………………………………大さじ1

作り方
1　肉は細切りにする。
2　あさつきのうち4本をみじん切りにし，赤トウガラシは種を除いて輪切りにする。醬油と米酢，ニンニク，ショウガ，砂糖，赤トウガラシ，あさつきのみじん切り，コリアンダー，ピーナツ油30㎖を混ぜ，これに1の肉を30分ほど漬けこむ。漬け終わったら肉を取り出しておく。
3　塩を加えた熱湯で麺を5～7分ほど，ちょっと堅めにゆでて水気を切り，大きめの丼に入れる。2の漬け汁を温めてこれにかける。
4　ピーナツ油の残りを中華鍋または厚手のフライパンで熱し，2の牛肉の汁をきって2分ほど炒める。麺がのびてしまわないように，3と4の作業はできるだけ同時に手早く行なう。
5　麺の中央を少しくぼませて4の肉を乗せ，ゴマをふってから残りのあさつきをざく切りにして加える。

## グーラッシュ

材料（4人分）
- ラードまたはバター………………………………25g
- タマネギ……………………………………………大1個
- 仔牛肉の角切り（脂の少なめのものを選ぶ）……1kg
- トマト………………………………………………大1個
- パプリカ………………………………小さじ1～1½
- 塩……………………………………………………少々
- ピーマン……………………………………………1個
- サワークリーム…………………………………300㎖
- 小麦粉……………………………………………大さじ1

作り方
1　タマネギは小さくきざみ，トマトは湯むきにして1cm角に切る。厚手の鍋でラードを溶かしてタマネギを透き通るまで炒め，火をできるだけ弱めて肉，トマト，パプリカ，塩を加える。
2　ふたをしてできるだけ小さな火で，焦げつかないようにときどきかき混ぜながら煮る。焦げつきそうになったら少々の水を加える。
3　ピーマンはひと口大に切り，2を20分ほど煮たら加えて，さらに20分ほど，肉に充分に火がとおり，汁気がほとんどなくなるまで煮る。
4　サワークリームと小麦粉を混ぜ，3に加える。ふたをして肉が柔らかくなるまでゆっくりと煮る。ハンガリーの卵入りの団子や麺を添えて出す。

## 仔牛のブランジェ

材料（6～8人分）
- ニンニク……………………………………………4かけ
- 塩……………………………………………………少々
- コショウ……………………………………………少々
- メースの粉末……………………………………小さじ½
- カルダモンの粉末………………………………小さじ¼
- シナモンの粉末…………………………………小さじ¾
- 骨を取って丸めた仔牛の腰肉……………………2kg
- オリーブ油…………………………………………少々
- ジャガイモ…………………………………………1kg
- 水………………………………………………300㎖

作り方
1　ニンニク2かけに塩を加えてつぶし，スパイス類の半量ずつと混ぜ，コショウ少々を加える。
2　包丁の先で肉のあちこちに切れめを入れ，1を詰める。肉の表面にオリーブ油と残りのスパイスを塗りつける。残りのニンニクは薄切りにする。
3　肉をオーブン用の天板に入れ，あらかじめ230℃に熱しておいたオーブンで10分焼く。オーブンから取り出し，肉の下と周りに薄切りにしたジャガイモを，間に塩，コショウ，ニンニクの薄切りをはさみながら敷いていく。さらに水を加える。
4　ホイルで3を覆い，オーブンに戻して160℃で1時間半焼く。ホイルを取ってさらに15分ほど焼き，火を止めて10分ほどおいてから切り分ける。

## ローストポークのフェンネル風味

材料（6人分）
- フェンネルの種の粉末…………………………小さじ¾
- ブラックペパーの実……………………………小さじ½
- 塩……………………………………………………少々
- 骨と皮を除いて丸めた豚の腰肉……………………1kg

## ・スパイスのきいた料理・

| | |
|---|---|
| タマネギ | 1個 |
| ニンジン | 1本 |
| 水 | 150mℓ |
| コーンスターチ | 小さじ1 |
| サワークリーム | 150mℓ |

#### 作り方
1　ブラックペパーの実は砕き，フェンネルと好みで塩を加えて混ぜ，肉にまぶす。
2　タマネギは薄切り，ニンジンはイチョウ切りにしてオーブン用の小さめの天板に入れる。上に肉を乗せ，周りに水を注ぐ。
3　あらかじめ200℃に熱したオーブンに入れ，10分ごとに周りの焼き汁を上からかけながら1時間20分ほど焼く。汁気がなくなったら随時水少々を加える。
4　肉に充分に火がとおったら，火をとめてそのまま10分ほどおいてから切り分ける。
5　天板の焼き汁や野菜を鍋にかき出し，コーンスターチとサワークリームを合わせて泡立てながら加える。火を充分にとおし，塩コショウで味を整え，ソース用の容器に入れて肉と一緒にだす。

### ポークサテー

東南アジアの中国人に人気の料理です。

#### 材料（6〜8人分）

| | |
|---|---|
| タマネギ | 1個 |
| ニンニク | 2かけ |
| 五香粉（72〜73頁参照） | 大さじ1 |
| ショウガ | 1かけ |
| 薄口醤油 | 60mℓ（大さじ4） |
| 蜂蜜 | 15mℓ（大さじ1） |
| ヒマワリ油 | 75〜90mℓ（大さじ5〜6） |
| 豚のヒレ肉の角切り | 1kg |
| レモングラス | 2本 |
| ピーナツソース（142頁参照） | 少々 |
| または | |
| インドネシアの醤油ソース（142頁参照） | 少々 |

#### 作り方
1　タマネギはみじん切りにし，ニンニクとショウガは皮をむいてすりこぎなどでたたきつぶす。これらを五香粉，醤油，蜂蜜，ヒマワリ油と合わせ，マリネの漬け汁を作る。
2　レモングラスはみじん切りにし，肉と一緒にボールに入れて1をかけ，最低2時間おいておく。
3　金串に肉を刺し，15〜20分，充分に火がとおるまで焼く。ピーナツソースかインドネシアの醤油ソースを添えて出す。

### チキンサテー

ピーナツソースと一緒に食べます。

#### 材料（6〜8人分）

| | |
|---|---|
| 鶏の胸肉 | 1kg |
| ショウガ | 1かけ |
| ニンニク | 3かけ |
| コリアンダーの粉末 | 大さじ1 |
| ガランガルの粉末 | 小さじ½ |
| サラダ油 | 15mℓ |
| クリームココナツ | 50g |
| または | |
| ココナツミルク | 150mℓ |

#### 作り方
1　鶏は皮を取り除き，細切りにする。
2　残りの材料すべてをフードプロセッサなどで混ぜ，滑らかなマリネの漬け汁にする。これを鶏肉にまんべんなくまぶして最低2時間おいておく。
3　小さな竹串に肉を刺し，5〜6分間，返しながら焼く。

### アフェリア

#### 材料（4人分）

| | |
|---|---|
| 豚のヒレ肉 | 750g |
| オリーブ油 | 50g |
| 塩 | 少々 |
| コショウ | 少々 |
| 赤ワイン | 150mℓ |
| コリアンダーの種 | 大さじ1 |

#### 作り方
1　豚肉の脂の部分はできるだけ取り除き，角切りにする。厚手の鍋でオリーブ油を熱し，肉全体にこんがりと色がつくまで焼いて塩コショウをする。
2　ワインを注ぎ入れて沸騰させ，ふたをして弱火で20分ほど煮る。
3　コリアンダーは砕いて2に混ぜ入れ，肉が柔らかくなって汁気がほとんどなくなるまでさらに20〜25分煮る。ときどきふたを開け，焦げつきそうだったら随時赤ワインを加える。

### コールドスパイスチキン

#### 材料（6人分）

| | |
|---|---|
| プレーンヨーグルト | 45mℓ（大さじ3） |
| ガラムマサラ（84〜85頁参照） | 小さじ½ |
| ターメリックの粉末 | 小さじ½ |
| 塩 | 少々 |
| 皮を取り除いた鶏の胸肉 | 6羽分 |
| チキンスープストック | |
| （固形スープを溶かしたものでもいい） | 600mℓ |
| グリーンカルダモン | 4個 |
| カレーリーフまたはローレル | 1枚 |
| 《ソース》 | |
| バター | 25g |
| エジプト豆の粉 | 大さじ1 |
| 薄力粉 | 大さじ½ |
| ガラムマサラ（84〜85頁参照） | 小さじ½ |
| ターメリックの粉末 | 小さじ½ |
| メースの粉末 | 小さじ½ |
| カルダモンの粉末 | 小さじ¼ |
| 生クリームまたは濃いヨーグルト | 60mℓ（大さじ4） |

#### 作り方
1　プレーンヨーグルト，ガラムマサラ，ターメリック，塩を混ぜ合わせ，これに胸肉を1時間ほど漬けておく。
2　スープストックにカルダモンとカレーリーフを入れて熱する。鶏肉を入れ，15〜20分または肉が柔らかくなるまで煮る。
3　肉を取り出し，盛り皿に移す。残った汁はこし取り，ソースのために450mℓほど残して冷ましておく。
4　鍋にバターを溶かし，エジプト豆の粉と薄力粉をふり入れて箸でよくかき混ぜながらなめらかにのばす。ガラムマサラ，ターメリ

▶コールドスパイスチキン　味つけはターメリック，メース，カルダモン，カレーリーフ，ガラムマサラで

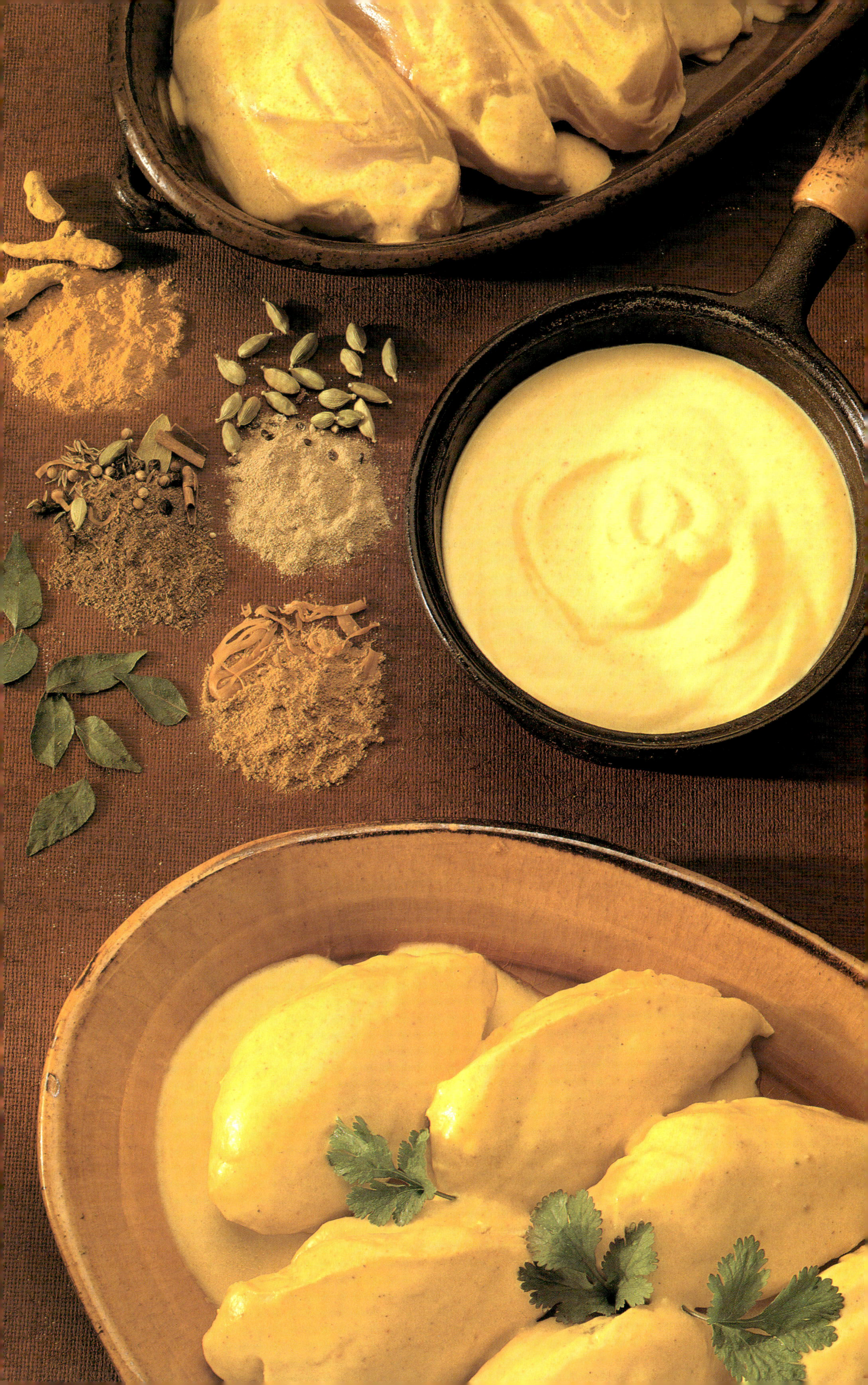

### ・スパイスのきいた料理・

ック，少量の塩を加え，3でとっておいたスープストックをかき混ぜながら入れてのばす。これを沸騰させてときどきかき混ぜながら15分ほど煮る。メース，カルダモン，クリームまたはヨーグルトを加えて仕上げ，肉にかけて冷やす。

## かしわうどん

簡単でさっぱりとした日本の料理です。だしの素やつゆの素を水に溶かすだけでもおいしいつゆを手軽に作ることができます。最近では海外でもこれらを置いている店があり，日本の味も世界中で試され，好評を得ています。

#### 材料（4人分）
| | |
|---|---|
| うどん（乾麺） | 350g |
| または | |
| 生うどん | 4玉 |
| 皮と骨を除いた鶏肉 | 350g |
| 長ネギ | 1本 |
| だし汁 | 750ml |
| 醤油 | 60ml（大さじ4） |
| みりん | 30ml（大さじ2） |
| 七味唐辛子 | 少々 |

#### 作り方
**1** 鍋にたっぷりの水を沸騰させ，うどんが柔らかくなるまでゆでる。生めんの場合はそのまま用いる。
**2** 鶏をひと口大に切り，長ネギの緑の部分は1.5cmの長さに切る。
**3** だし汁と醤油，みりんを鍋に入れて沸騰させ，鶏肉を加えて5～6分または柔らかくなるまで煮る。濃縮タイプのつゆの素を使ってもいい。鶏肉が柔らかく煮えたら長ネギの緑の部分を加えてさらに1分間煮る。
**4** うどんを熱湯に入れて温め，温めておいた人数分の丼に水気をきって盛り分ける。つゆを注ぎ，鶏肉と長ネギを乗せ，さらに残りの長ネギの白い方を細かく小口切りにして乗せ，七味を添えて出す。

## チキンのコリアンダー炒め

#### 材料（4人分）
| | |
|---|---|
| タマネギ | 大1個 |
| ニンニク | 4かけ |
| キャンドルナッツ | 6個 |
| コリアンダーの粉末 | 大さじ1 |
| タマリンドペースト | 小さじ1 |
| ターメリックの粉末 | 小さじ½ |
| ガランガルの粉末 | 小さじ¼ |
| 赤トウガラシ | 3～4個 |
| 砂糖 | 小さじ1 |
| 塩 | 少々 |
| 鶏肉 | 1羽分 |
| クリームココナツ | 250g |
| または | |
| ココナツミルク | 450ml |
| カフィルライムの葉 | 2枚 |
| またはローレル | 1枚 |
| レモングラスの粉末 | 小さじ¼ |

#### 作り方
**1** タマネギは乱切りにし，ニンニク，キャンドルナッツ，コリアンダー，タマリンド，ターメリック，ガランガル，赤トウガラシ，砂糖，塩と一緒によく混ぜる。
**2** 鶏肉に1のペーストをまぶし，1時間ほどおいておく。
**3** クリームココナツを用いる場合は450mlの熱湯に溶かしてココナツミルクにする。2を鍋に移し，ココナツミルク，カフィルライムの葉，レモングラスを加えて，とろみがつき表面に油が浮き始めるまで，ふたをせずに弱火で45分ほど煮る。
**4** これをそのまま出してもいいし，鶏肉を取り出してときどきオリーブオイルを塗りながら薄く焦げ色がつくまでオーブンで焼き，煮汁を別の器に入れて出してもいい。

#### バリエーション
◆インドネシア式では鶏肉をよく焼いてから出す。
◆ココナツミルクの代わりにプレーンヨーグルト450mlに片栗粉大さじ1と少量のミルクを加えたものを使ってもいい。

## チキンとピーナツのシチュー

ピーナツを使ったシチューやスープは西アフリカでよく作られています。ここではピーナツバターを使った手軽な作り方を紹介しますが，ピーナツをすり鉢ですりつぶして使ってもかまいません。野菜はその日あるもので何を使ってもいいのですが，オクラやナス，キャベツを用意すれば本格的な味を出すことができます。ジャガイモの代わりにサツマイモを使ってもいいでしょう。

#### 材料（4～6人分）
| | |
|---|---|
| ピーナツ油 | 60ml（大さじ4） |
| 鶏肉 | 1羽分 |
| タマネギ | 大1個 |
| トマト | 2個 |
| トマトピューレ | 15ml（大さじ1） |
| 熱湯 | 600ml |
| ピーナツバター | 175g |
| 塩 | 少々 |
| パラダイスグレイン | 小さじ1 |
| または | |
| ブラックペパーの実 | 小さじ1 |
| ニンジン | 2本 |
| ナス | 小1個 |
| ジャガイモ | 2個 |
| キャベツ | 小½個 |
| オクラ | 175g |

#### 作り方
**1** 鶏肉はひと口大に切り，タマネギは小さくきざむ。トマトも湯むきにして小さくきざむ。大きめの鍋にピーナツ油を熱して鶏肉を炒め，こんがりと色がついたら鍋から出す。この鍋でタマネギを数分炒め，トマトとトマトピューレを加えてから鶏肉を鍋に戻す。
**2** 1に熱湯少量を入れ，残りの熱湯でピーナツバターをのばして加える。塩とパラダイスグレインで味つけをし，よく混ぜてからふたをして焦げつかないように注意しながら弱火で20分ほど煮る。煮汁はとろみがつくくらいがいいが，焦げつきそうだったら随時少量の水を加える。パラダイスグレインの代わりにブラックペパーを使う場合は軽くくだいてから入れる。
**3** ニンジンは半月切り，ナスは角切りにして2に加え，さらに10分ほど煮る。この間にジャガイモは角切りに，キャベツはせん切りにしておき，10分たったら鍋に加える。鶏肉と野菜が柔らかくなるまでさらに15分ほど煮てからへたを取ったオクラを加え，5分ほど煮る。

· 肉料理 ·

## 鹿肉のサワーチェリーソース

材料（6人分）
オリーブ油……………………………90㎖（大さじ6）
レモン汁………………………………30㎖（大さじ2）
ジュニパーベリー………………………………大さじ1
塩………………………………………………小さじ1
ローレル…………………………………………1枚
骨つきの鹿の腰肉………………………………2kg
豚の脂またはラード……………………………少々
タマネギ…………………………………………1個
赤ワイン………………………………………125㎖
ブラックチェリー………………………………250g
赤スグリのゼリー……………30〜45㎖（大さじ2〜3）
オールスパイスの粉末………………………小さじ¼
シナモンの粉末………………………………1つまみ
スープストックまたは水………………………適量

作り方
1　ジュニパーベリーは砕き，ローレルは細かくきざむ。オリーブ油の半量，レモン汁，ジュニパー，塩，ローレルを混ぜ，鹿肉にまぶす。2〜3時間おいてマリネ状にする。
2　タマネギは薄切りにする。鹿肉に豚の脂を塗り，オーブン用の天板にタマネギを敷いて肉を上にのせる。オリーブ油の残りと赤ワインを上からふりかける。
3　熱したオーブンに2を入れ，ときどき豚の脂を塗りながら180℃で約1時間15分焼く。中がまだ少し生でピンク色をした状態に焼きあがったら火を止める。
4　天板の底にたまった焼き汁をすくい取り，鍋に入れて軽くかき混ぜながら中火にかけ，余分な油を取り除いてからこす。少なくても150㎖くらいはあるはずだが，足りなければスープストックか水を加える。
5　チェリーの種を取り除き，赤スグリのゼリーと粉末のスパイス類と一緒に4に加えて弱火で熱する。肉を切り分け，このソースをかけて出す。

## 鹿肉のノワゼットペパーソース

ノワゼットとは仔牛肉や羊肉などを特殊なスパイスで調理したフランスの味つけ肉です。

材料（4人分）
バター……………………………………………50g
鹿肉のノワゼット………………………………8切れ
エシャロット……………………………………4個
ブランデーまたはアルマニャック………30㎖（大さじ2）
フレンチマスタード……………………15㎖（大さじ1）
スープストック（市販の固形スープを溶かしたものでもいい）…………………………………………………250㎖
グリーンペパーの実……………………………大さじ1
生クリーム……………………………………150㎖
塩…………………………………………………少々

作り方
1　フライパンでバターを溶かし，鹿肉を入れて片面3〜4分ずつ，薄く焦げ色がつくまで焼き，皿に盛って保温しておく。
2　エシャロットはみじん切りにして1のフライパンに加え，3〜4分炒める。小さな鍋かおたまで温めておいたブランデーに点火して，この上にふりかける。
3　マスタードとスープストックを加えて沸騰させ，量が半分になるまで手早く煮つめ，ペパーの実，生クリーム，塩を加える。充分に熱してから鹿肉にかける。

## キジのチリンドロン風

スペインのアラゴン地方の料理ですが，キジの肉が手に入りにくければ鶏肉や豚肉，ラムなどで代用してかまいません。ハムはできればスペインのセラーノハムを使えば本格的な味がでます。チリンドロンとはここで使うレッドペパーの名です。

材料（4人分）
キジ……………………………………………小2羽
塩…………………………………………………少々
オリーブ油………………………………60㎖（大さじ4）
ニンニク…………………………………………1かけ
タマネギ…………………………………………1個
スモークハム……………………………………75g
サフラン…………………………………………数本
パプリカ………………………………………小さじ2
赤トウガラシ（好みで）…………………………1個
トマト…………………………………………大2個
レッドペパー……………………………………2個

1　キジ肉は半分に切って塩をふりかける。鍋にオリーブ油を熱し，肉にこんがりと色がつくまで炒めて鍋から出す。タマネギとニンニクはみじん切りにし，同じ鍋で柔らかくなるまで炒める。
2　ハムは角切り，レッドペパーは短冊切り，トマトは湯むきにして角切りにする。サフランは乾いたフライパンで軽く煎る。これらとパプリカを1の鍋に加え，ふたをして10分ほど弱火にかけてからキジ肉を戻し入れる。好みで塩と赤トウガラシを加え，ふたをしてさらに40分煮る。
3　ふたをとってさらに20分，肉が柔らかくなりソースがとろみを増すまで煮つめる。

## ウサギ肉のマスタードソース

材料（6人分）
バター……………………………………………75g
サラダ油…………………………………15㎖（大さじ1）
ウサギの肉………………………………………2羽
生のタイムの小枝または乾燥したタイムの粉末
……………………………………………小さじ1
ローレル…………………………………………1枚
塩…………………………………………………少々
コショウ…………………………………………少々
エシャロット……………………………………4個

## ・スパイスのきいた料理・

| | |
|---|---|
| 白ワイン（ドライ） | 150mℓ |
| ディジョンマスタード | 30mℓ（大さじ2） |
| レモン汁 | ½個分 |
| 生クリーム | 125mℓ |
| 生のパセリ | あしらい用に少々 |

#### 作り方

1　ウサギの肉はひと口大に切り分ける。火にかけることができるキャセロールにバター25gを溶かし，サラダ油を加えて肉がまんべんなくこんがりとなるまで炒める。タイムとローレル，塩，コショウで味をつけ，しっかりとふたをする。

2　あらかじめ160℃に熱しておいたオーブンで，50分ほど焼く。

3　エシャロットはみじん切りにし，バターの残りを使って炒める。ワインを注ぎ入れ，汁気が半分になるまで煮つめ，マスタード，レモン汁，クリームを加え，充分に火をとおす。

4　温めておいた皿に肉を盛りつけ，3のソースをかけてパセリのみじん切りをふる。

### ウサギ肉の
### キャラウェイサワークリームソース

材料（4人分）

| | |
|---|---|
| ウサギ | 1羽 |
| バター | 65g |
| タマネギ | 2個 |
| ニンジン | 2本 |
| パースニップ | 1本 |
| 小麦粉 | 大さじ2 |
| スープストックまたは水 | 150mℓ |
| サワークリーム | 300mℓ |
| キャラウェイの粉末 | 小さじ½ |
| 塩 | 少々 |
| コショウ | 少々 |
| 《マリネ》 | |
| タマネギ | 1個 |
| ニンジン | 1本 |
| セロリ | 1本 |
| ニンニク | 3かけ |
| ローレル | 2枚 |
| タイム | 小枝1本 |
| オールスパイスを砕いたもの | 小さじ1 |
| ブラックペパーを砕いたもの | 小さじ1 |
| シードルビネガー | 150mℓ |
| 水 | 300mℓ |

#### 作り方

1　マリネを作る。タマネギ，ニンジン，セロリの茎は小さくきざみ，ニンニク，オールスパイス，ブラックペパーは砕く。これらとローレル，タイム，ビネガー，水を一緒に鍋に入れ，沸騰させてから冷ます。

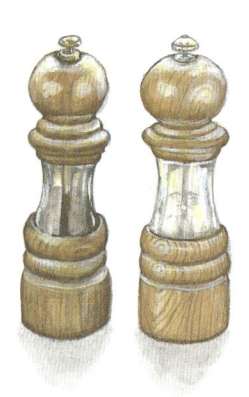

2　ウサギの肉は関節ごとに分け，1をかけて24時間おいておく。

3　タマネギは小さくきざみ，ニンジン，パースニップは角切りにする。厚手の，火にかけられるキャセロールにバター40gを溶かしてこれらを5分ほど軽く炒める。これにマリネの汁をきった肉を加え，こんがりと薄く色がつくまで炒める。

4　バターの残りを別の鍋に入れ，小麦粉を炒めてなめらかに練りながら弱火にかける。これにスープストックを少しずつ加えてのばし，ダマができないようによくかき混ぜながら沸騰させる。サワークリーム，キャラウェイを加え，塩，コショウで味を整える。

5　4のソースをよくかき混ぜながら3に入れ，ふたをして40～50分煮る。パスタかゆでたジャガイモを添えてだす。

### ウサギ肉の
### フェンネルガーリックソース

材料（4人分）

| | |
|---|---|
| ウサギの肉 | 1羽 |
| 白ワイン | 300mℓ |
| オリーブ油 | 45mℓ（大さじ3） |
| フェンネルの種 | 小さじ2 |
| 塩 | 少々 |
| タマネギ | 小1個 |
| コショウ | 少々 |
| サヤインゲン | 175g |
| ソラマメ | 175g |
| ニンニク | 1個 |
| 生クリームと水 | 合わせて150mℓ |

#### 作り方

1　ウサギの肉は4つに切り分け，30mℓ（大さじ2）のオリーブ油とフェンネルの種，塩少々，白ワインを合わせたものに2～3時間漬けておく。漬けあがったら取り出して汁気をふきんでふき，漬け汁はとっておく。

2　タマネギはみじん切りにする。オリーブ油の残りを熱して1の肉をこんがりと焼き色がつくまで炒め，タマネギを加えてタマネギが透き通るまで炒める。

3　1の漬け汁を2に加えて沸騰させ，塩コショウで味を整えて20分ほど弱火で煮る。

4　インゲンは4cmほどの長さに切り，ソラマメと一緒に熱湯でさっとゆでてから水気をきる。3に加え，さらに20分ほど煮る。

5　ニンニクをふさに分け，3～4分間熱湯にさらす。水気をきって冷ましてから皮をむく。生クリームと水を合わせてよく混ぜ，これにニンニクを入れて15分ほど煮てからニンニクをつぶして戻し，ピューレ状にする。

6　肉が充分に柔らかくなったら5を加え，ゆでた新ジャガと一緒にだす。

## ベークドレバー

濃厚で繊細な料理です。ラムのレバーでも作れます。

### 材料（4人分）

| | |
|---|---|
| 仔牛のレバー | 500g |
| トラッシ（154～155頁参照） | 小さじ1 |
| クリームココナツ | 25g |
| または | |
| ココナツミルク | 60mℓ（大さじ4） |
| コリアンダーの粉末 | 小さじ2 |
| レモン汁 | 15mℓ（大さじ1） |
| カフィルライムの葉のみじん切り | 数枚分 |
| または | |
| レモングラスの粉末 | 小さじ¼ |

### 作り方

1　レバーは角切りまたは細切りにする。
2　トラッシはアルミホイルに包み，乾いた鍋またはあらかじめ180℃に熱しておいたオーブンで数分温めてから砕く。
3　クリームココナツを使う場合は60mℓの熱湯に溶かしてココナツミルクを作り，コリアンダー，レモン汁，トラッシ，カフィルライムの葉と合わせてねっとりと練り，マリネの漬け汁を作る。これを耐熱皿に入れてレバーを1時間以上漬けておく。
4　あらかじめ180℃に熱したオーブンで，レバーを，細切りなら20分，角切りなら25～30分加熱する。見た目に滑らかで，中央が薄いピンク色になったら取り出す。

# 野菜と穀類の料理

## サヤインゲンとエビの焼きソバ

### 材料（6人分）

| | |
|---|---|
| 蒸し麺 | 500g |
| 塩 | 少々 |
| ニンニク | 2～3かけ |
| レモングラス | 2本 |
| ピーナツ油 | 30mℓ（大さじ2） |
| ショウガ | 小1かけ |
| サヤインゲン | 350g |
| 生椎茸 | 175g |
| または | |
| 干し椎茸 | 6個 |
| 醤油 | 少々 |
| あさつき | 3本 |
| 殻を取り除いた大正エビ | 250g |

### 作り方

1　ニンニクとレモングラスは根元を合わせ，一緒にすりおろす。ショウガは皮をむいてみじん切り，あさつきもみじん切りにする。椎茸は石づきを取り除いてそぎ切りにする。干ししいたけを使う場合は水で20分ほどもどしてからそぎ切りにする。
2　中華鍋にピーナツ油を熱し，強火でニンニク，レモングラス，ショウガを1分ほどかき混ぜながら炒める。
3　2に椎茸とサヤインゲンを加えて塩少々と醤油で軽く味つけし，さらに2～3分炒めてあさつきとエビを加える。
4　麺を入れ，鍋をゆらすようにしながら，焼き色がつき，材料が均一に混ざるまで炒める。温めた皿に盛る。

## スタッフドオニオン

### 材料（6人分）

| | |
|---|---|
| スパニッシュオニオン | 6個 |
| オリーブ油 | 45mℓ（大さじ3） |
| スタッフィング（詰めもの） | |
| ごはん（できれば長粒種） | 150g |
| アーモンド | 125g |
| オールスパイスの粉末 | 小さじ1 |
| メースの粉末 | 小さじ½ |
| 生のきざみパセリ | 大さじ4 |
| 塩 | 少々 |
| コショウ | 少々 |
| 焼き汁 | |
| スーマックの粉末 | 大さじ2 |
| 熱湯 | 450mℓ |
| ニンニク | 2かけ |
| レモン汁 | 1個分 |

### 作り方

1　タマネギは茶色い皮がついたまま熱湯に丸ごと入れ，45分ほどゆでる。そっと湯からあげて冷まし，茶色の皮をむいて根を切り落とす。頭部も切り落とすが，あとでふたとして使うのでこちらはとっておく。さかさにして水気を出す。
2　小さなよく切れるナイフとスプーンを使ってタマネギの中心をすくい出し，外側の数枚の鱗片を残して中身を取りはずす。壊さないように注意する。
3　2ですくい出した中身を細かく刻み，アーモンドは粗く砕く。これにスタッフィングの材料をすべて混ぜ合わせ，タマネギに詰める。オーブン用の天板にオリーブ油をひき，中身をつめたタマネギを並べてふたをする。
4　スーマックを熱湯に入れ，つぶしたニンニクとレモン汁も加える。この焼き汁をタマネギの周りに流し入れる。あらかじめ180℃に熱したオーブンで，ときどき周りの汁をかけながら20分ほど焼く。壊れやすいのでそっと取り出す。

## スタッフドピーマン

### 材料（6人分）

| | |
|---|---|
| ピーマン | 大6個 |
| オリーブ油 | 30mℓ（大さじ2） |
| タマネギ | 1個 |
| 豚または牛の挽き肉 | 250g |
| トマト | 1個 |
| 塩 | 少々 |
| コショウ | 少々 |
| ナツメグのおろしたもの | 小さじ¼ |
| ニゲラ | 小さじ¼ |
| 米（できれば長粒種） | 50g |
| トゥワル豆 | 50g |
| 生のきざみパセリ | 大さじ3 |
| ミントの葉 | 数枚 |

・スパイスのきいた料理・

| カシアまたはシナモンの小片 | 2片 |
| パサータ(トマトピューレの一種) | 300mℓ |
| 水 | 150mℓ |
| レモン汁 | 30mℓ(大さじ2) |
| 砂糖 | 小さじ2 |

作り方

1　トゥワル豆は1時間前から水に浸しておく。
2　ピーマンのへたの方をふたにできる程度に切り取る。中の種をきれいに指で取り去り、熱湯で3分ほどゆでてさかさまに置き、水気をきる。
3　タマネギ、ミントの葉は小さくきざみ、トマトも湯むきにして小さくきざむ。オリーブ油を熱してタマネギを3～4分炒め、挽き肉、トマト、塩、コショウ、ナツメグ、ニゲラを加えてさらに5分ほど炒める。米と、同量の水を入れ、水をきったトゥワル豆ときざみパセリ、ミントを加えて10分煮る。
4　3をピーマンに詰め、全部のピーマンを立ててちょうど入れられるくらいの大きさのキャセロールに並べて1でとっておいたへたのふたをし、ピーマンとピーマンとの間にカシアまたはシナモンをはさむ。
5　パサータを水で薄め、レモン汁と砂糖を加えてピーマンの上からかける。キャセロールにふたをしてあらかじめ180℃に熱しておいたオーブンで45分ほど焼く。熱いうちに食べる。

## レンズ豆の地中海風スパイス煮

材料(4人分)

| 茶色のレンズ豆 | 250g |
| 水 | 450mℓ |
| マスタードの種 | 小さじ¼ |
| ブラックペパー(ホール) | 小さじ½ |
| コリアンダーの粉末 | 小さじ½ |
| ローレル | 1枚 |
| 塩 | 小さじ1 |
| ニンニク | 1かけ |
| オリーブ油 | 60mℓ(大さじ4) |
| タマネギ | 小1個 |

作り方

1　レンズ豆は1時間前から水に浸しておく。
2　鍋に水とレンズ豆を入れて沸騰させ、ふたをすこしずらして20分ほど煮る。
3　ニンニクは砕き、スパイス類とローレル、塩と一緒に2に加えて水気がほとんどなくなるまで煮込む。滑らかなペースト状を好む場合は木べらなどで押しつぶす。
4　タマネギは薄切りにし、鍋にオリーブ油を熱して透き通るまで炒め、レンズ豆にかけてだす。

## ダル

黄色いムング豆から作るムングダルはインド中でよく食べられています。消化がよく、ほかの料理とも相性がいいのです。タドカとはインドで昔から料理の香りづけに使われているバターです。

材料(4～6人分)

| ムング豆 | 300g |
| タマネギ | 1個 |
| クローブ | 3個 |
| シナモンスティック | 小1本 |
| カルダモン | 3個 |
| ターメリックの粉末 | 小さじ1 |
| クミンの粉末 | 小さじ1 |
| 水 | 1000mℓ |
| 塩 | 少々 |
| タドカ(アロマバター)またはサラダ油 | 60mℓ(大さじ4) |
| ニンニク | 3かけ |
| カイエンペパー(好みで) | 小さじ½ |
| 生のコリアンダーの葉のみじん切り | 大さじ2 |

作り方

1　豆を洗い、タマネギは小さくきざむ。カルダモンは砕く。鍋に豆、タマネギ、クローブ、シナモン、カルダモン、ターメリック、クミン、水を入れて沸騰させ、ふたをして20分ほど煮る。
2　塩で味を整え、さらに豆が柔らかくなるまで35分ほど煮る。煮詰まってきたら必要に応じて熱湯を足す。汁気がすっかりなくなったらクローブとシナモン、カルダモンを取り除き、温めた皿に移す。
3　タドカを作る。ニンニクはみじん切りにする。鍋にバターを溶かしてニンニクとカイエンペパーを加え、ニンニクに色がつくまで強火で炒める。さっと豆の上にかけ、コリアンダーをふりかける。

## 豆ピラフ

材料(6人分)

| サフラン | 5本 |
| ローズウォーター | 15mℓ(大さじ1) |
| 生クリーム | 150mℓ |
| シナモンの粉末 | 小さじ½ |
| ブラックペパー | 小さじ¼ |
| クローブの粉末 | 小さじ¼ |
| 塩 | 少々 |
| サラダ油またはバター | 60mℓ(大さじ4) |
| クミンの粉末 | 小さじ½ |
| カレーリーフ | 2枚 |
| ショウガ | 小1かけ |
| さやえんどう | 350g |
| バスマティ米 | 350g |
| 水 | 600mℓ |

1　サフランを砕いてローズウォーターと混ぜる。これをクリームに入れ、シナモン、ペパー、クローブ、塩少々を加える。
2　ショウガは皮をむいてみじん切りにする。大きめの鍋にサラダ油を熱し、クミンとカレーリーフ、ショウガを炒める。
3　2にさやえんどうと米を加え、米が茶色くなり始めたら水を加えて沸騰させる。ふたをして汁気がなくなるまで煮詰める。
4　3に1を加え、アルミホイルで覆った上にさらにふたをし、できるだけ弱火で20分煮る。

・野菜と穀類の料理・

## マラバルライス

ホールのスパイスで味をつけたプラウ(ピラフ)はインドのあちこちで見られる料理です。ここで紹介するのはカルダモンやコショウの生産地マラバル地方のもので，鶏や羊の焼き肉と一緒に食べるとよく合います。クミン以外のスパイスはよけながら食べますが，万一食べてしまっても心配はありません。

材料(6〜8人分)
米(できれば長粒種)・・・・・・・・・・・・・・・・・・500g
水・・・・・・・・・・・・・・・・・・・・・・・・・・・・・・・・・・・900㎖
サラダ油またはバター・・・・・・・・・・・・30㎖(大さじ2)
タマネギ・・・・・・・・・・・・・・・・・・・・・・・・・・・・大1個
グリーンカルダモン・・・・・・・・・・・・・・・・・・・・8個
シナモンスティック・・・・・・・・・・・・・・・・・・・12cm
クローブ・・・・・・・・・・・・・・・・・・・・・・・・・・・・・8個
クミンの種・・・・・・・・・・・・・・・・・・・・・・・・・・小さじ1
ブラックペパーの実・・・・・・・・・・・・・・・・・・・12個
塩・・・・・・・・・・・・・・・・・・・・・・・・・・・・・・・・・小さじ2

作り方
1 米を洗い，30分間水につけておく。
2 タマネギは小さくきざみ，シナモンスティックは3つに割る。カルダモンは軽くたたく。厚手の鍋にサラダ油を熱し，タマネギを透き通るまで炒める。カルダモン，シナモン，クローブ，クミン，ペパーの実を加えて，かりっと茶色くなるまでさらに30秒ほど炒める。
3 米の水気をきり，漬けておいた水はとっておく。米を2の鍋に入れて透き通るまで3分ほど炒め，つけておいた水と塩を加えてよくかき混ぜながら沸騰させる。
4 火をできるだけ弱め，鍋にふたをして水気がなくなるまで，20分ほど煮詰める。米の表面にぶつぶつと小さな穴が開く。
5 火をとめ，ふたを取り替えて10分ほど蒸らす。
6 温めた皿に盛りつけ，あれば木のさじを添える。

## 蒸しナスのセサミソース

ソースを1日前に作っておくと味がよくなじんでおいしくできあがります。最低でも数時間前に作っておいて室温でふたをしておきましょう。ナスは熱いままでも室温に冷ましてもおいしくいただけます。

材料(4〜6人分)
コリアンダーの葉・・・・・・・・・・・・・・・・・・・・1つかみ
ニンニク・・・・・・・・・・・・・・・・・・・・・・・・・・・・3かけ
練りゴマ・・・・・・・・・・・・・・・・・・・・・・・・30㎖(大さじ2)
ゴマ油・・・・・・・・・・・・・・・・・・・・・・・・・・30㎖(大さじ2)
薄口醬油・・・・・・・・・・・・・・・・・・・・・・・・45㎖(大さじ3)
米酢・・・・・・・・・・・・・・・・・・・・・・・・・・・・30㎖(大さじ2)
ドライシェリー・・・・・・・・・・・・・・・・・・30㎖(大さじ2)
チリソース・・・・・・・・・・・・・・・・・・・・・・5㎖(小さじ1)
粉サンショウ・・・・・・・・・・・・・・・・・・・・・・・小さじ¼
塩・・・・・・・・・・・・・・・・・・・・・・・・・・・・・・・・・・・少々

長ナス・・・・・・・・・・・・・・・・・・・・・・・・・・・・・・・・4本

作り方
1 ソースを作る。コリアンダーをフードプロセッサで粗くきざむ。ナス以外の残りの材料をフードプロセッサにかけて濃い滑らかなペースト状にする。ソースをおいておくうちにぼってりとしてしまうようなら必要に応じて少量の水を加える。
2 ナスの皮を縦に縞模様にむく。塩をふりかけ，45分ほどおいておく。
3 塩を洗い落とし，ナスが柔らかくなるまで35分ほど蒸す。細切りにして食べる直前にソースをかける。

## ハンガリアンパプリカポテト

ラムチョップやソーセージによく合うポテト料理です。

材料(6人分)
バター・・・・・・・・・・・・・・・・・・・・・・・・・・・・・・・25g
エシャロット・・・・・・・・・・・・・・・・・・・・・・・・・・3本
パプリカ・・・・・・・・・・・・・・・・・・・・・・・・・・・小さじ1½
トマト・・・・・・・・・・・・・・・・・・・・・・・・・・・・・・大2個
塩・・・・・・・・・・・・・・・・・・・・・・・・・・・・・・・・・・・少々
ジャガイモ・・・・・・・・・・・・・・・・・・・・・・・・・・・・1kg
スープストック(固形スープを溶いたもので可)・・・300㎖
サワークリーム・・・・・・・・・・・・・・・・・・・・・・・・150㎖

作り方
1 エシャロットは薄切りにし，トマトは湯むきにしてざく切り，ジャガイモは厚めの薄切りにする。火にかけられるキャセロールにバターを溶かしてエシャロットが柔らかくなるまで炒める。パプリカを入れてさらに数分間炒める。
2 1にトマト，塩少々，ジャガイモを加え，スープストックとサワークリームも入れる。
3 ふたをしてあらかじめ200℃に熱したオーブンで約1時間，汁気がなくなるまで調理する。

## ホウレンソウとクルミのタヒーナソースパイ

材料(4人分)
ホウレンソウ・・・・・・・・・・・・・・・・・・・・・・・・1.5kg
バター・・・・・・・・・・・・・・・・・・・・・・・・・・・・・・40g
タマネギ・・・・・・・・・・・・・・・・・・・・・・・・・・・・・3個
クルミ・・・・・・・・・・・・・・・・・・・・・・・・・・・・・・75g
オールスパイスの粉末・・・・・・・・・・・・・・・小さじ½
シナモンの粉末・・・・・・・・・・・・・・・・・・・・・小さじ½
塩・・・・・・・・・・・・・・・・・・・・・・・・・・・・・・・・・・・少々
コショウ・・・・・・・・・・・・・・・・・・・・・・・・・・・・・少々
冷凍のパイ生地・・・・・・・・・・・・・・・・・・・・・・250g
卵黄・・・・・・・・・・・・・・・・・・・・・・・・・・・・・・・1個分
《ソース》
タヒーナ・・・・・・・・・・・・・・・・・・・・・・・・90㎖(大さじ6)
ヒマワリ油・・・・・・・・・・・・・・・・・・・・・・30㎖(大さじ2)
プレーンヨーグルト・・・・・・・・・・90〜120㎖(大さじ6〜8)
レモン汁・・・・・・・・・・・・・・・・・・・・・・・・・・・・少々

作り方
1 ホウレンソウを洗って鍋に入れ，ふたをして4〜5分，水を加えずに弱火にかける。しぼって小さくきざむ。電子レンジで加熱してもいい。
2 タマネギは薄切りにし，クルミはみじん切りにする。鍋にバターを溶かし，タマネギを柔らかくなるまで炒め，ホウレンソウ，クルミ，スパイス，塩コショウと合わせて混ぜる。
3 パイ生地を25〜30cm四方くらいに切って中央に2を乗せ，四隅を合わせて上でひねり袋状に包む。
4 オーブンの天板に乗せ，15㎖の水に溶いた卵黄を塗る。あらか

じめ220℃に熱しておいたオーブンで30分ほど，黄金色になるまで焼く。
**5** 焼いている間にソースを作る。ソースの材料を全部合わせ，滑らかなペースト状にする。別の器に添えて出す。

## マッシュルーム入り大麦ドリア

### 材料(4人分)

| | |
|---|---|
| バター | 75g |
| タマネギ | 2個 |
| 精白玉麦 | 250g |
| ディルの種 | 小さじ½ |
| または | |
| セロリシード | 小さじ¼ |
| スープストック(固形スープを水に溶かしたもので可) | |
| | 600㎖ |
| 塩 | 少々 |
| コショウ | 少々 |
| マッシュルーム | 250g |
| プレーンヨーグルト | 150㎖ |
| パプリカ | 少々 |

### 作り方

**1** タマネギは薄切りにし，バターの半量をホーローの鍋またはキャセロールで溶かして柔らかくなるまで炒める。
**2** 麦を混ぜ入れ，バターを充分になじませるようにして数分炒める。ディルの種を混ぜ入れてスープストックを注ぎ，塩コショウで味を整える。
**3** しっかりとふたをし，あらかじめ180℃に熱したオーブンで約1時間，麦が柔らかくなって汁気がなくなるまで加熱する。
**4** 3を調理している間にマッシュルームを4つくらいに厚めのスライスにする。バターの残りを鍋で溶かし，マッシュルームを軽く炒める。
**5** マッシュルームを麦に混ぜてヨーグルトを加え，パプリカをふってだす。

## ジュニパー入りベーコンポテトシチュー

ボリュームたっぷりのジャガイモのシチューです。ほかのスパイスを使ってもおいしくできあがります。

### 材料(4人分)

| | |
|---|---|
| バター | 15g |
| エシャロット | 4個 |
| ベーコン | 175g |
| ジャガイモ | 500g |
| 塩 | 少々 |
| コショウ | 少々 |
| ジュニパーベリー | 小さじ½ |
| 水 | 150㎖ |

### 作り方

**1** エシャロットは小さくきざみ，ベーコンは角切りにする。鍋にバターを溶かし，エシャロットを弱火で柔らかくなるまで炒める。ベーコンを加えてさらに数分炒める。
**2** ジャガイモは皮をむいて薄切りにし，ジュニパーベリーは砕く。キャセロールの底に1を敷き，塩コショウ，ジュニパーベリーをはさみながらジャガイモを重ねていく。一番上はジャガイモで終わるようにして水を注ぐ。
**3** アルミホイルをしっかりとかぶせてから，あらかじめ160℃に熱したオーブンで1時間半から2時間加熱する。好みによってはさらに長時間加熱してもいい。

### バリエーション

◆ジュニパーの代わりにオールスパイスの粉末を使い，好みによってトマトの層を1つ2つ作ってもいいでしょう。
◆ジュニパーの代わりにセロリシードの粉末小さじ¼またはフェネグリーク小さじ½を使ってもいい。この場合はジャガイモにパースニップのイチョウ切り少々を加えるといいでしょう。

## ファラフェル

ファラフェルは中近東で最も人気のある屋台の食べ物です。ペーストは充分に細かくなめらかにしないと揚げるときに崩れやすくなるので，フードプロセッサやミキサーがない場合は手間がかかります。ねっとりとさせるのが難しければ，大さじ1～2の小麦粉を加えるといいでしょう。

### 材料(4人分)

| | |
|---|---|
| エジプト豆 | 250g |
| タマネギ | 大1個 |
| ニンニク | 3かけ |
| 生のきざみパセリ | 1つかみ |
| または | |
| 生のコリアンダーの葉のみじん切り | 1つかみ |
| コリアンダーの粉末 | 小さじ1 |
| クミンの粉末 | 小さじ1 |
| カイエンペパー(好みで) | 小さじ¼ |
| 塩 | 少々 |
| ベーキングパウダー | 小さじ¼ |
| 揚げ油 | 適量 |

### 作り方

**1** エジプト豆はよく洗って水をきる。タマネギは小さくきざみ，ニンニクは砕く。豆をフードプロセッサまたはミキサーにかけ，ピューレ状にする。徐々にタマネギ，ニンニク，パセリを加え，滑らかに混ぜ合わせる。ときどきスイッチを止めて壁面についた分をかき落とし，まんべんなく混ざるようにする。
**2** スパイス類と塩，ベーキングパウダーを混ぜ入れ，冷蔵庫で1時間以上ねかせる。
**3** 2をクルミ大に丸め，少し平たくつぶしてさらに15分ねかす。
**4** 3～4油で揚げ，途中で一度ひっくり返す。紙の上で油をきり，タヒーナソース(56頁参照)，トマトサラダ，ピッタブレッドのスライスを添えてだす。

・野菜と穀類の料理・

## 椎茸の香味炒め

日本の味椎茸を，昔から日本で愛用されてきた香りと味で調理する，簡単でおいしい炒めものです。

材料（4人分）

| | |
|---|---|
| 生椎茸 | 350g |
| サラダ油 | 60ml（大さじ4） |
| ショウガ | 小1かけ |
| ニンニク | 3かけ |
| 山椒の実または粉山椒 | 小さじ1 |
| 長ネギ | 少々 |

作り方

1　椎茸はいくつかにそぎ切りに，ショウガ，ニンニクはみじん切り，長ネギは小口切りにする。山椒の実を使う場合は砕いておく。
2　フライパンにサラダ油を熱し，ショウガ，ニンニク，山椒を1～2分炒める。
3　椎茸を入れ，4～5分炒める。器に盛りつけて長ネギをのせる。

## マッシュルームのサワークリーム煮

材料（6人分）

| | |
|---|---|
| バター | 40g |
| タマネギ | 小1個 |
| マッシュルーム | 500g |
| キャラウェイの種 | 小さじ½ |
| 塩 | 少々 |
| コショウ | 少々 |
| サワークリーム | 150ml |
| パプリカ | 少々 |

作り方

1　タマネギ，マッシュルームは薄切りにする。鍋にバターを溶かしてタマネギを柔らかくなるまで炒める。
2　マッシュルームとキャラウェイの種を加え，塩コショウで味を整える。
3　サワークリームを混ぜ入れて充分に火をとおし，パプリカをふりかけて出す。

## ズッキーニのフリッター

材料（6人分）

| | |
|---|---|
| バター | 15g |
| タマネギ | 大1個 |
| ズッキーニ | 500g |
| チーズ | 125g |
| 卵 | 4個 |
| クミンの粉末 | 小さじ½ |
| ニゲラ | 小さじ¼ |
| 塩 | 少々 |
| コショウ | 少々 |
| 揚げ油 | 適量 |

作り方

1　タマネギはすりおろし，ズッキーニも皮をむいて別にすりおろす。鍋にバターを溶かし，タマネギをさっと炒めてズッキーニを加え，さらに2～3分炒める。よく汁気をきっておく。
2　チーズをおろして卵，スパイス類と一緒に1に加え，塩コショウで味を整える。
3　フライパンに底から5mmほどまで油を熱し，2を大さじ1杯ずつ，充分な間隔をあけて入れる。こんがりと焼き色がつくまで3～4分，途中で1度ひっくり返して揚げる。紙にとって油をきる。

## オニオンピューレ

材料（4人分）

| | |
|---|---|
| バター | 125g |
| タマネギ | 750g |
| 塩 | 小さじ1 |
| ラセラヌー（96～97頁参照） | 小さじ2 |
| 蜂蜜 | 45ml（大さじ3） |
| シェリービネガー | 30ml（大さじ2） |

作り方

1　タマネギはみじん切りにする。鍋にバターを溶かし，タマネギ，塩，ラセラヌーを加えてよくかき混ぜる。
2　ふたをしてできるだけ弱火で，ときどきかき混ぜながら30分ほど加熱する。
3　蜂蜜とシェリービネガーを加え，ふたをとってかき混ぜながらさらに30分ほど煮る。

## ナスとゴマのピューレ

野菜とスパイスの絶妙なコンビネーションです。中近東ではタヒーナペーストとニンニクをナスのピューレに混ぜてババガナッシュという料理を作ります。ここでは練りゴマを使ってオリエンタル風にアレンジしてみました。

材料（4～6人分）

| | |
|---|---|
| ナス | 大2個 |
| ニンニク | 2かけ |
| 練りゴマ | 大さじ1½～2 |
| ゴマ油 | 15～30ml（大さじ1～2） |
| 五香粉（72～73頁参照） | 小さじ¾ |
| レモン汁 | 2個分 |
| サフラワーまたはパプリカ | 少々 |

作り方

1　ナスはフォークで数カ所を突き刺し，あらかじめ180℃に熱しておいたオーブンで20～30分ほど焼く。網焼きにしてもいい。
2　へたを落とし，充分に冷めてから皮をむく。水気を軽くしぼり，ざく切りにする。
3　ニンニクは塩をまぶしてつぶし，ナス，練りゴマ，ゴマ油，五香粉と合わせてフードプロセッサまたはミキサーにかけてピューレ状にする。すり鉢ですりつぶしてもいい。
4　レモン汁を加え，なめらかにのばす。
5　少量のサフラワーまたはパプリカをかけ，室温のまま食べる。

## ホウレンソウの紅ショウガ炒め

材料（2人分）

| | |
|---|---|
| ホウレンソウ | 500g |
| ヒマワリ油 | 15ml（大さじ1） |
| クミンの粉末 | 小さじ¼ |
| シシトウ | 2個 |
| ショウガの酢づけ | 小さじ1 |
| 塩 | 少々 |

作り方

1　ホウレンソウはざく切りにし，シシトウは種を取り除いて輪切りにする。紅ショウガはみじん切りにする。
2　中華鍋または大きめのフライパンにヒマワリ油を熱し，強火で煙がたち始めたらクミンとシシトウを入れ，さっと炒める。
3　ホウレンソウを加えてさっとかき混ぜ，油が全体になじむようにする。ショウガと塩で味を整え，よく混ぜて手早く食卓に。

・スパイスのきいた料理・

## チャクチュカ

もともとはチュニジアの料理ですが，今は中近東全域で人気があります。本来は野菜に卵を注ぎこんで固まるまで調理するのですが，ここではメルグエズソーセージを使います。

### 材料（4人分）

| | |
|---|---|
| オリーブ油 | 30mℓ（大さじ2） |
| ピーマン（緑でも赤でも黄でも可） | 2個 |
| タマネギ | 2個 |
| メルグエズソーセージ | 4本 |
| トマト | 大4個 |
| 塩 | 少々 |
| コショウ | 少々 |
| ハリッサ（94〜95頁参照） | 5mℓ（小さじ1） |

### 作り方

1　ピーマン，ソーセージは輪切り，タマネギは薄切り，トマトは湯むきにして4つに切る。
2　鍋にオリーブ油を熱し，ピーマンとタマネギを柔らかくなるまで炒める。
3　ソーセージを加え，さらに数分炒めてからトマトを混ぜる。塩，コショウ，ハリッサで味を整える。
4　さらに8〜10分，野菜を充分に混ぜ合わせて炒める。

## ネギのスパイススープ煮

### 材料（3〜4人分）

| | |
|---|---|
| ネギ | 500g |
| バター | 25g |
| 五香粉（72〜73頁参照） | 小さじ½ |
| ガランガルの粉末 | 小さじ¼ |
| 野菜のスープストック（固形スープを水に溶いたもので可） | 30mℓ（大さじ2） |

### 作り方

1　ネギは小口切りにする。
2　厚手の鍋にバターを溶かし，スパイスを入れて数分炒める。ネギを加えてよく混ぜてスパイスとバターに充分になじませ，スープストックを注ぎ入れる。
3　しっかりとふたをし，火を弱めて20分ほど煮る。

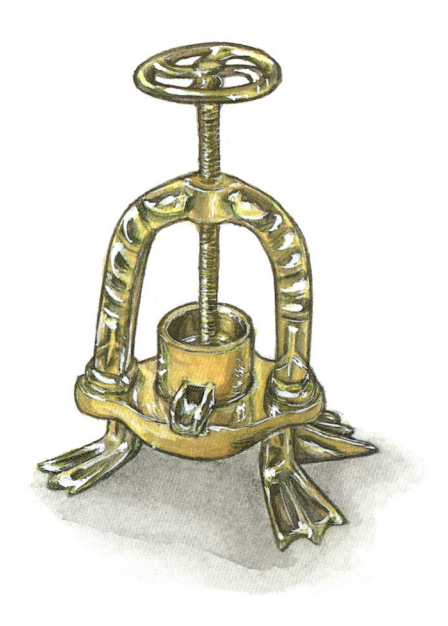

## キャベツと豆のスパイス煮

### 材料（6人分）

| | |
|---|---|
| いんげん豆 | 250g |
| サラダ油 | 30mℓ（大さじ2） |
| ニンニク | 2かけ |
| エシャロット | 4個 |
| マスタードの種 | 小さじ1 |
| ディルの種 | 小さじ1 |
| 紫キャベツか普通のキャベツ | 小1個 |
| ワインビネガー | 30mℓ（大さじ2） |
| シェリー酒 | 30mℓ（大さじ2） |
| 塩 | 少々 |
| コショウ | 少々 |

### 作り方

1　豆は前の日から水に漬けておく。キャベツはせん切りにする。鍋に水を入れ，豆が柔らかくなるまで1時間ほどゆでる。ゆで上がったらざるに上げ，ゆで汁はとっておく。
2　ニンニクとエシャロットは粗くきざみ，約5分間炒める。マスタードの種とディルの種を加え，はじけるのでふたをする。
3　あまりはじけなくなったらキャベツを加え，よくかき混ぜてスパイスをなじませる。豆とビネガー，シェリー酒，塩，コショウを加えてよく混ぜる。
4　とっておいた豆のゆで汁75mℓを注ぎ，ふたをして20分，ときどきかき混ぜながら汁気がほとんどなくなるまで煮つめる。

## キュウリのスパイススープ煮

### 材料（4人分）

| | |
|---|---|
| キュウリ | 2本 |
| 砂糖 | 大さじ1 |
| 塩 | 小さじ½ |
| 酢 | 60mℓ（大さじ4） |
| 水 | 30mℓ（大さじ2） |
| バター | 25g |
| エシャロット | 4個 |
| 小麦粉 | 大さじ1 |
| フェンネルの種 | 小さじ½ |
| チキンスープストック（固形スープを水に溶いたもので可） | 450mℓ |
| 生のディルウィード | 少々 |

### 作り方

1　キュウリの皮をむき，縦半分に切る。スプーンなどで種をかき出し，乱切りにする。
2　砂糖と塩，酢，水をよく合わせ，キュウリを入れて1時間ほど漬けてから水気をきる。
3　エシャロットは小さくきざみ，鍋にバターを溶かして柔らかくなるまでいためる。小麦粉とフェンネルの種をふりかけ，小麦粉にこんがりと色がつくまでさらに炒める。スープストックを少しずつ加えてよくのばし，沸騰させる。火を弱め，少しとろみがつくまで数分煮る。
4　キュウリを加えてふたをせずに10〜15分煮る。キュウリは柔らかいがシャキッとした感じが失われない程度に煮る。器に盛ってディルウィードのみじん切りをふる。

# サラダ

## オリーブとザクロ, クルミのサラダ

トルコ南東部, ガジアンテップはオリーブとピスタチオの畑に囲まれた町です。カバブやバクラバという民族料理で有名で, ランチには30種以上もの料理が出され, 上品でリッチな味わいはグルメたちの間で定評があります。ここではそのランチのサラダをアレンジしてみました。

材料(4人分)

| | |
|---|---|
| ザクロ(ポメグラネート) | 大2個 |
| グリーンオリーブ | 125g |
| コリアンダーの葉 | 1つかみ |
| あさつき | 6〜8本 |
| クルミ | 125g |
| 《ドレッシング》 | |
| レモン汁 | 22㎖ |
| オリーブ油 | 45㎖ |
| 赤トウガラシ | 1つまみ |
| 塩 | 少々 |

作り方

1　ザクロを切り開き, 種をかき出す。オリーブはたたいてからきざみ, コリアンダーの葉, あさつき, クルミも粗くきざむ。ザクロの種(ポメグラネート)とそのほかの材料を合わせる。

2　ドレッシングの材料をよく混ぜ合わせ, サラダにかけてよくまぶす。

バリエーション
◆ スイバの葉のせん切りを加えてもおいしくできあがる。

## サヴォイキャベツのサラダ

材料(4人分)

| | |
|---|---|
| サヴォイキャベツ | 小1個 |
| 松の実 | 50g |
| 《ドレッシング》 | |
| オリーブ油 | 60㎖(大さじ4) |
| ワインビネガー | 30㎖(大さじ2) |
| ポピーシード(ケシの実) | 小さじ¼ |
| セロリシード | 1つまみ |
| パプリカ | 小さじ¼ |
| 三温糖 | 小さじ2 |
| 塩 | 少々 |

作り方

1　キャベツは芯を切り取ってせん切りにする。

2　熱湯で1分ほどゆでて冷水にさっと浸し, 水気をよくきって冷ます。松の実は煎ってキャベツと一緒にボウルに入れる。

3　ドレッシングの材料を泡立て器でよく混ぜ, 2にかけてよくまぶす。

## インド風ニンジンサラダ

ジュリー・サーニ著の『インド伝統のベジタリアンクッキング』を参考にしました。

材料(4〜6人分)

| | |
|---|---|
| ニンジン | 500g |
| マスタードオイル | 15㎖(大さじ1) |
| マスタードの種 | 小さじ1 |
| グリーンチリ | 2個 |
| アサフェティダの粉末 | 1つまみ強 |
| 砂糖 | 小さじ2 |
| カレーパウダー(80〜81頁参照) | 小さじ1 |
| レモン汁 | 少々 |
| クローブの粉末 | 1つまみ |
| 塩 | 少々 |
| 濃いプレーンヨーグルト | 60㎖(大さじ4) |
| カシューナッツ | 大さじ2 |
| 生のミントの葉 | 少々 |

作り方

1　ニンジンはたんざく形に切り, グリーンチリは種を取り除いて小さくきざむ。カシューナッツは煎ってきざんでおく。

2　大きめのフライパンにマスタードオイルを熱し, マスタードの種を炒める。はじけ始めたらふたをし, だんだんはじけなくなってきたらチリ, アサフェティダ, 砂糖, カレーパウダーを加えてフライパンを揺すり, 数秒混ぜ合わせる。

3　砂糖が溶けたらニンジンを加え, 充分に油とスパイスになじませる。3〜4分炒めたらボウルに移して冷ます。

4　レモン汁, クローブ, 塩, ヨーグルトをあわせたドレッシングにニンジンをよく混ぜ入れ, カシューナッツをふりかけてミントの葉を何枚か飾る。

## ビートサラダ

材料(4人分)

| | |
|---|---|
| ビート | 350g |
| 《ドレッシング》 | |
| ワインビネガー | 45㎖(大さじ3) |
| オリーブ油 | 90㎖(大さじ6) |
| 砂糖 | 小さじ2 |
| フェンネルの種 | 小さじ½ |
| または | |
| セロリシード | 小さじ¼ |
| ジンジャーの粉末 | 1つまみ |
| あさつき | 4本 |
| 塩 | 少々 |

作り方

1　塩を加えた熱湯で, ビートを皮がついたままゆでる。柔らかくなりかけたら火を止め, 水気をきり, 皮をむいて細切りにする。

2　ドレッシングの材料を泡立て器でよく混ぜ合わせ, ビートにふりかけて1時間ほどなじませる。

・スパイスのきいた料理・

## 豆とパスタのサラダ

### 材料(8～10人分)
| | |
|---|---|
| 干したいんげん豆 | 125g |
| 干した赤ソラマメ | 125g |
| フラジオレット | 125g |
| コンキリエ(シェルマカロニ) | 350g |
| または | |
| ファルファッレ(蝶々形のマカロニ) | 350g |
| フレンチビーンズ | 125g |
| ニンニク | 大1かけ |
| パセリ, チャイブ, タラゴン, バジル, チャービル, スィートシシリーなど生のハーブを混ぜ合わせたもの | 1つかみ強 |
| オリーブ油 | 約120ml(大さじ8) |
| ワインビネガー | 30～45ml(大さじ2～3) |
| 塩 | 少々 |
| ブラックペパー | 少々 |
| マスタード | 10g |

### 作り方
1 干し豆はそれぞれ別々に，2～3時間水で戻してから柔らかくなり始めるまでゆでる。あまり柔らかくなりすぎないように注意し，水気をきって冷ましておく。
2 マカロニを塩を加えた熱湯で，少々堅めにゆでる。ゆであがったら水気をきって流水で冷やす。
3 フレンチビーンズを塩を加えた熱湯でさっとゆで，水気をきって冷まし，半分に切る。
4 大きめの盛り皿を用意して，マカロニと干し豆をみじん切りにしたニンニクとハーブを添えて盛りつける。
5 ドレッシングを作る。オリーブ油とビネガー，塩，ペパー，マスタードを泡立て器で混ぜ合わせてサラダにかける。
6 フレンチビーンズを加え，よく混ぜる。冷蔵庫で1～2時間冷やす。

## キュウリのサラダ

韓国料理のサラダをアレンジしてみました。粉山椒のピリッとした味がサラダをひきしめます。

### 材料(4～6人分)
| | |
|---|---|
| 砂糖 | 大さじ1 |
| 塩 | 小さじ1 |
| ワインビネガーまたは米酢 | 60ml(大さじ4) |
| 粉サンショウ | 小さじ½ |
| ゴマ油 | 30ml(大さじ2) |
| キュウリ | 1本 |
| 黒ゴマ | 大さじ1 |

### 作り方
1 砂糖と塩，酢を合わせ，よく混ぜ合わせてから粉サンショウとゴマ油を加える。
2 キュウリは小口切りにして1をかけ，黒ゴマを煎ってふりかける。

### バリエーション
◆煎った白ゴマを使ってもおいしいのですが，黒ゴマの方が見た目に美しくなります。
◆薄口醬油5～10ml(小さじ1～2)をドレッシングに加えたり，キュウリにオニオンスライスを加えてもおいしく仕上がります。

## ガドガド

これだけで充分におかずになる，インドネシアの手軽なサラダです。野菜は好みでいろいろと変えてかまいませんが，本格的な味を出したければモヤシを忘れずに使いましょう。

### 材料(4人分)
| | |
|---|---|
| モヤシ | 250g |
| キャベツ | 250g |
| ネギ | 250g |
| ニンジン | 250g |
| セロリ | 250g |
| 堅ゆで卵 | 1個 |
| 《ソース》 | |
| ニンニク | 1かけ |
| タマネギ | 小1個 |
| トラッシ(154～155頁参照) | 小さじ1 |
| 黒砂糖 | 小さじ1 |
| タマリンド | 1かたまり |
| クリームココナツ | 30ml(大さじ2) |
| 牛乳 | 30ml(大さじ2) |
| ピーナツバター(小さなピーナツの粒々があるもの) | 60ml(大さじ4) |
| クミンの粉末 | 小さじ½ |
| チリパウダー(好みで) | 小さじ½ |
| レモングラスの粉末 | 小さじ½ |
| 濃口醬油 | 5ml(小さじ1) |

### 作り方
1 大きめの盛り皿に洗ったモヤシの水気をきって盛りつける。
2 キャベツ，ネギはせん切り，ニンジン，セロリは千六本に切る。これらを柔らかくなるまで蒸し，モヤシの上に盛りつける。
3 ソースを作る。ニンニクとタマネギは小さくきざんですり鉢でつぶし，ペースト状に混ぜる。
4 トラッシをアルミホイルに包み，乾いた鍋または180℃のオーブンで数分加熱して砂糖と混ぜる。タマリンドは15～30ml(大さじ1～2)の水に浸してしぼる。クリームココナツを牛乳に混ぜ，濃いココナツミルクを作る。
5 4とソースの残りの材料を3に入れ，ぼってりとしたソースを作る。野菜にかけて，堅ゆで卵のみじん切りを飾る。

▶ガドガド(上)とタマネギとスーマックのサラダ(下)

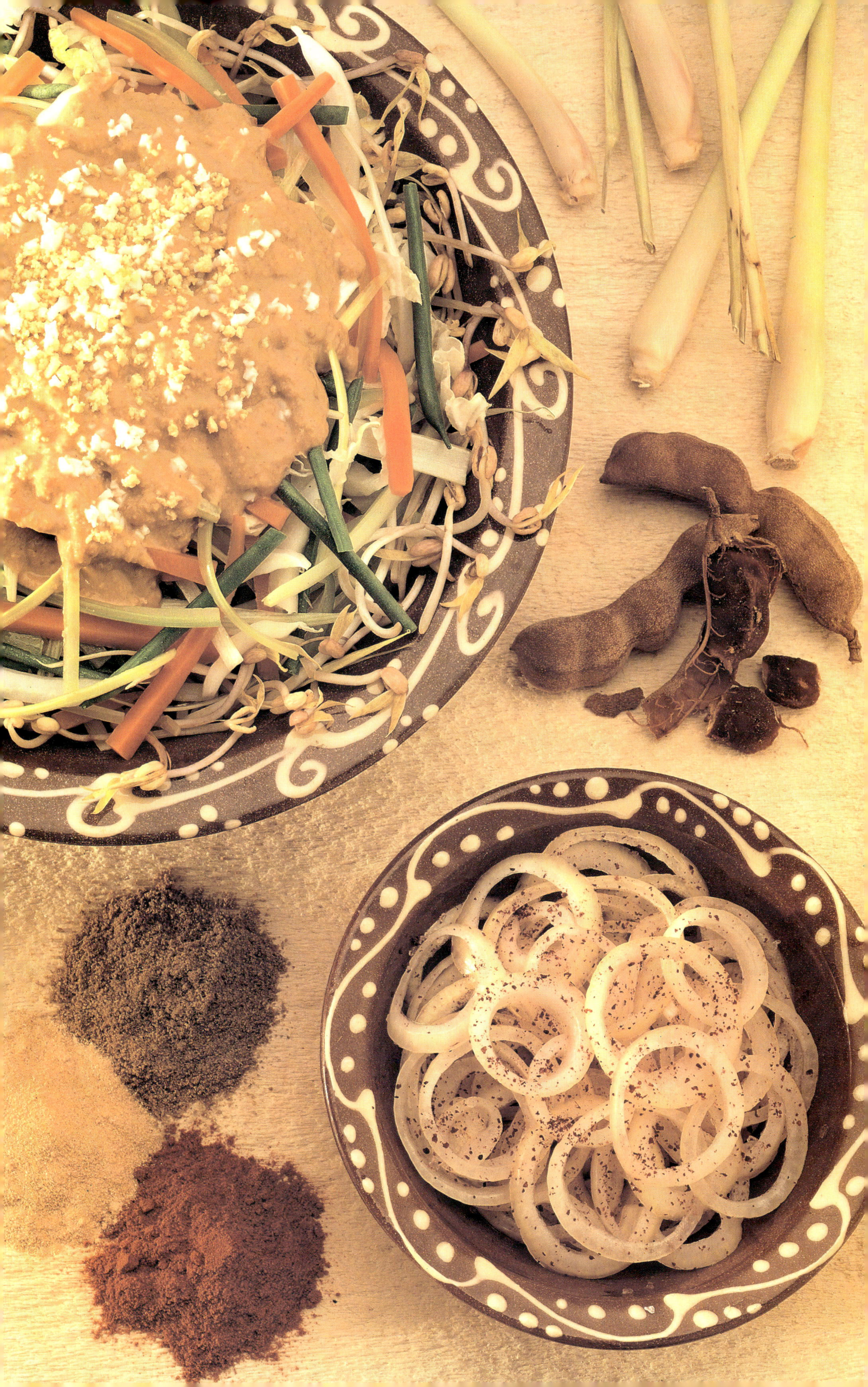

## タマネギとスーマックのサラダ

中近東全域で作られている簡単なサラダです。

### 材料（4人分）
| | |
|---|---|
| タマネギ | 2個 |
| スーマックの粉末 | 小さじ½ |
| 塩 | 少々 |

### 作り方
1　タマネギは薄切りにしてボールに入れ，スーマックをすりつぶしたものと塩少々をふりかける。
2　30分以上おいてから食卓に。

# デザート

## スパイスクリームチーズ

### 材料（4人分）
| | |
|---|---|
| クリームチーズ | 250g |
| 濃いプレーンヨーグルト | 150g |
| 砂糖 | 125g |
| サフラン | 小さじ¼ |
| 温めた牛乳 | 30mℓ |
| ナツメグをおろしたもの | 小さじ¼ |
| カルダモン | 6個 |

### 作り方
1　クリームチーズ，ヨーグルト，砂糖をボウルに入れる。
2　サフランを砕き，10分ほどホットミルクに浸してから取り出す。
3　2とナツメグを1に混ぜる。カルダモンの種だけを取り出して砕き，ふりかけて冷やしてから出す。

## ケール（インド風ライスプディング）

インドのライスプディングですが，欧米のライスプディングとはまったく違ったデザートで，数時間煮て作ります。できあがると米が溶けて濃いクリーム状になります。

### 材料（4～6人分）
| | |
|---|---|
| 牛乳 | 1200mℓ |
| 米（できれば長粒種） | 75g |
| 砂糖 | 125g |
| レーズン | 75g |
| 干したアンズ | 40g |
| カルダモン | 6さや |
| シナモンスティック | 2cm |
| アーモンドまたはピスタチオ | 40g |
| ローズウォーター | 10mℓ（小さじ2） |

### 作り方
1　牛乳を沸騰させ，洗った米を入れる。強火で1分煮てから火をできるだけ弱め，常にかき混ぜながらさらに10分煮，その後はときどきかき混ぜながら1時間半煮る。
2　アプリコットは小さくきざみ，カルダモンは種だけを取り出して砕く。アーモンドまたはピスタチオは細長くきざむ。砂糖，レーズン，アプリコット，カルダモン，シナモンを1に加え，ときどきかき混ぜながら約1時間煮る。レーズンやアプリコットが水を吸ってふくらみ，プディングがどろりとなったらアーモンドを少しだけ残して入れ，さらに30分ほど煮詰める。
3　2を冷まし，ローズウォーターを加える。かなりもったりとしている。
4　3を浅いガラスのボールまたは各自の皿に盛りつけ，アーモンドの残りをふりかけて冷やす。インド食料品店などで手に入ればゴールドリーフやシルバーリーフを飾る。

## オレンジとカルダモンのサラダ

### 材料（6人分）
| | |
|---|---|
| オレンジ | 10個 |
| オレンジフラワーウォーター | 30mℓ（大さじ2） |
| カルダモンの粉末 | 小さじ½ |
| ナツメグをおろしたもの | ひとつまみ強 |
| 砂糖 | 50g |
| 水 | 125mℓ |
| 粉砂糖 | 少々 |

### 作り方
1　オレンジの皮をむき，ふさに分ける。盛り皿に入れてオレンジフラワーウォーターとスパイスをふりかける。オレンジの皮は1～2個分とっておく。
2　とっておいたオレンジの皮からきれいに筋を取り除き，細切りにする。これを熱湯で3分ほどゆでてあくを抜く。
3　鍋に水を入れ，砂糖を溶かす。これに2を入れ，4～5分弱火で煮てから皮をざるに取り，水気をきる。
4　オレンジの上に3をあしらい，粉砂糖をふる。

## バナナのシナモンラムソース

### 材料（4人分）
| | |
|---|---|
| 熟したバナナ | 4本 |
| バター | 25g |
| シナモンの粉末 | 小さじ1 |
| ラム酒またはウィスキー | 75mℓ（大さじ5） |
| 蜂蜜 | 45mℓ（大さじ3） |
| クルミ | 50g |

### 作り方
1　バナナを1cmくらいに切り，クルミは粗くきざむ。鍋にバターを溶かしてバナナを炒め，皿に取って保温しておく。
2　1の鍋に残ったバターにシナモン，ラム酒，蜂蜜の順に加えて少しとろみがつくまで加熱し，クルミを混ぜ入れる。
3　1の上から2のソースをかけ，ホイップしたクリームを添える。

・デザート・

## クレメンタインのブランデー漬け

このレシピはジェーン・グリグソン著『フルーツ・ブック』の「クレメンタインのアルマニャック漬け」を参考にしました。デザートとしてはもちろんのこと，砂糖漬けのおやつにもなります。漬物器などを使うと手軽にできます。

#### 材料（できあがり量 1 kg 分）

| | |
|---|---|
| クレメンタイン | 小 1 kg |
| 砂糖 | 625 g |
| バニラのさや | 1 本 |
| 水 | 1000 ml |
| ブランデーまたはアルマニャック | 適量 |

#### 作り方

1　クレメンタインに針でいくつか穴を開ける。
2　シロップを作る。鍋に砂糖とバニラのさや，水を入れ，砂糖が溶けたら沸騰させて3〜4分煮る。
3　クレメンタインを加え，再び沸騰したら火を弱めて30分ほどことことと煮る。クレメンタインが大きければ煮る時間を少し長くする。皮が裂け始めたら火を止める。
4　クレメンタインを取り出し，温めたピクルス瓶に移す。ブランデーかアルマニャックをクレメンタインが隠れるくらいまで注ぐ。
5　シロップを半量になるまで煮詰めて4に注ぎ，バニラのさやを加える。
6　重石か丸めたアルミホイルを5の上に乗せてクレメンタインが液に充分に漬かるようにする。ふたをして2〜3週間漬けこむ。

#### バリエーション

◆バニラの代わりにカルダモンのさや5〜6個をたたいて使ってもかまいません。この場合はフルーツがシロップに漬かってから加えるようにします。カルダモンを使う場合はブランデーの代わりにウィスキーを使ってもおいしくしあがります。
◆ブランデーの代わりにウォッカやヨーロッパのシロップ用の酒などもよく合います。

## スパイスフルーツサラダ

#### 材料（4人分）

| | |
|---|---|
| オレンジ | 3 個 |
| バナナ | 2 本 |
| メロン | 小 ½ 個 |
| アンズ | 4 個 |
| プラム | 4 個 |
| 桃 | 2 個 |
| バニラシュガー（60頁参照） | 大さじ 2 |
| オレンジの果汁 | 2 個分 |
| レモン汁 | 1 個分 |
| オレンジフラワーウォーター | 15 ml（大さじ 1） |
| シナモンの粉末 | 小さじ ½ |
| コリアンダーの粉末 | 小さじ ¼ |

#### 作り方

1　オレンジは皮をむいてふさに分け，バナナは皮をむいて輪切りにする。メロンは角切り，アプリコット，プラムは4つに切る。桃はそぎ切りにして，全部のフルーツを皿に盛りつける。
2　オレンジとレモンの果汁を合わせて砂糖を溶かし，オレンジフラワーウォーターとスパイスを加える。
3　2の果汁を1にかけ，フルーツをつぶさないように注意してかき混ぜる。2〜3時間冷蔵庫で冷やしてから食べる。

## ポピーシードのアイスクリーム

#### 材料（4人分）

| | |
|---|---|
| 牛乳 | 300 ml |
| バニラのさや | 1 本 |
| 卵黄 | 3 個分 |
| 砂糖 | 50 g |
| ポピーシード（ケシの実） | 75 g |
| 蜂蜜 | 125 g |
| 生クリーム | 150 ml |

#### 作り方

1　牛乳とバニラのさやを鍋に入れて沸騰させる。沸騰したら火から下ろし，10分ほどおいてなじませる。
2　卵黄と砂糖を合わせ，湯せんにしてぼってりとしたクリーム状になるまで泡立てる。
3　1からバニラを取り除いて2に注ぎ，よくかき混ぜてカスタードクリームを作る。沸騰させると分離してしまうので注意する。
4　しゃもじですっとすじがつくくらいまで堅くなったら火から下ろして冷ます。
5　ポピーシードを乾いた鍋で煎り，蜂蜜と一緒にカスタードクリームに加えて冷ます。
6　生クリームを軽く角が立つまで泡立て，カスタードクリームに少量ずつ切り入れる。アイスクリーム用の器か浅い容器に入れて冷凍庫で凍らせる。1〜2時間ほどたったら切り混ぜ，さらに堅くなるまで冷やす。

## バニラとカルダモンのアイスクリーム

#### 材料（4人分）

| | |
|---|---|
| 牛乳 | 300 ml |
| バニラのさや | 1 本 |
| 生クリーム | 150 ml |
| グリーンカルダモン | 6 個 |
| 卵黄 | 4 個 |
| 砂糖 | 125 g |

#### 作り方

1　牛乳とバニラのさやを鍋に入れて火にかける。沸騰したら火から下ろし，10分ほどそのままなじませてからバニラを取り除く。
2　カルダモンを砕いてクリームの中に入れ，しばらくおく。
3　卵黄と砂糖を湯せんにして混ぜ，薄いクリーム色になってとろみがついたら1を加える。さらにとろみがつくまでかき混ぜる。
4　2からカルダモンのさやを取り除き，クリームを3に加える。さらに10分ほど混ぜながら湯せんのまま火にかけ，練りあげる。
5　アイスクリームの型か浅い容器に入れて冷凍する。1〜2時間ほどたったら切るように混ぜ，さらに堅くなるまで冷凍する。

# パン、ケーキ、ビスケット

## タマネギとジュニパーのパン

手軽にできるパンで、フェンネルやキャラウェイ、セロリシード、アニス、クミンなどを使っても新しい味が楽しめます。できればできたてを食べたいものです。

材料（直径20cm 1個分）
- 牛乳 …………………………………… 175㎖
- 塩 ……………………………………… 小さじ1
- バター ………………………………… 15g
- ドライイースト ……………………… 7g
- 強力粉 ………………………………… 350g
- ぬるま湯 ……………………………… 175㎖
- タマネギのみじん切り ……………… 大さじ2
- ジュニパーベリーを砕いたもの …… 大さじ2

作り方
1　鍋に牛乳を入れて火にかけ、塩とバターを加えて溶かす。
2　ドライイーストはぬるま湯に溶かしてからボウルに入れた強力粉に加え、さらに1も加える。
3　タマネギとジュニパーをふりかけてよく混ぜ、練りあげる。
4　ボウルにふたをして1時間ほど温かい場所に置いておく。量が2倍くらいにふくらんだら1～2分間ほど切り混ぜ、直径20cmのケーキ型の内側に油を塗ってから入れる。
5　あらかじめ180℃に熱したオーブンで1時間ほど焼く。底をたたいて乾いた音がしたらできあがり。

## チュレック

コーカサス地方のパンです。モロッコでも似たようなアニス風味のパンが作られています。

材料（6本分）
- ドライイースト ……………………… 7g
- 強力粉 ………………………………… 500g
- 塩 ……………………………………… 小さじ1
- アニスの粉末 ………………………… 大さじ1
- バター ………………………………… 50g
- 牛乳 …………………………………… 300㎖
- 卵黄 …………………………………… 1個分
- ゴマ …………………………………… 適量

作り方
1　少量のぬるま湯にドライイーストを溶かし、小麦粉に加える。
2　バターは湯せんで溶かし、牛乳は温めて1に加え、柔らかな生地にする。堅すぎるようならさらに温めた牛乳またはぬるま湯を加える。
3　打ち粉をした台の上で生地を滑らかになるまで5分ほど練る。
4　ボールの内側に少量の油を塗って生地を移し、サランラップまたは布をかぶせる。2時間ほどそのままにしてふくらませる。
5　2時間したら再びのばし、2つに分けてそれぞれ丸める。それぞれをさらに3つずつに分けて細長くのばし、三つ編みにする。
6　油を塗ったペーパーを鉄板の上に乗せ、その上に5を並べて45分ほどおき、さらにふくらませる。表面に卵黄を塗り、ゴマをたくさんふりかける。
7　あらかじめ180℃に熱したオーブンで35～40分焼き、鉄板の底をたたいて乾いた音がするようになったらできあがり。

バリエーション
◆アニスの代わりにバニラの種を使い、ゴマの代わりにアーモンドフレークをふりかけても香ばしいパンができあがります。
◆アニスの代わりにマーラブを使ってもいいでしょう。

## アラブブレッド

材料（2個分）
- ドライイースト ……………………… 7g
- 強力粉 ………………………………… 500g
- 塩 ……………………………………… 小さじ1
- ぬるま湯 ……………………………… 450㎖
- オリーブ油とザーター ……………… 適量
- または卵1個と、ニゲラかポピーシード（ケシの実）、ゴマのどれか1種 ……………………… 適量

作り方
1　ドライイーストを少量のぬるま湯に溶かし、塩と一緒に強力粉に加える。少しずつ水を加えて堅めの生地にしあげる。
2　打ち粉をした台でのびがでるまで生地をこねる。ボールの内側に少量の油を塗って生地を入れ、ラップまたは布をかぶせ、1時間ほどおく。
3　およそ倍にふくらんだら台に戻し、練って2つに分ける。それぞれを丸め、油を塗ったシートの上に並べて30分ほどおき、さらにふくらませる。
4　生地の表面にオリーブ油とザーターで作ったペーストを塗る。卵黄を塗ってからニゲラかポピー、ゴマなどを厚めにふってもいい。
5　あらかじめ200℃に熱したオーブンで8～10分焼き、温度を160℃に下げてさらに15～30分焼く。

## スパイスブレッド

ヨーロッパでよく作られているパンです。国によってスパイスの種類は変わりますが、作り方はだいたい同じです。好みによってスパイスを変えてみたりドライフルーツやナッツなども使ってみましょう。

材料（2個分）
- バター ………………………………… 175g
- バニラシュガー（60頁参照） ……… 75g
- 卵 ……………………………………… 2個
- 強力粉 ………………………………… 300g
- ベーキングパウダー ………………… 小さじ2
- レーズン ……………………………… 50g

| アーモンド | 50g |
| オレンジピール（砂糖漬けのオレンジの皮） | 50g |
| レモンピール（砂糖漬けのレモンの皮） | 50g |
| アニスの種 | 小さじ1 |
| シナモンの粉末 | 小さじ1 |
| クローブの粉末 | 小さじ½ |

作り方

1　ボールにバターとバニラシュガーを入れてよく混ぜながら，卵を1個ずつ加える。
2　オレンジピールとレモンピールは小さくきざむ。強力粉とベーキングパウダーをふるい，ドライフルーツとスパイス類を全て加える。パサパサしていたら少量の牛乳で湿らせ，ひとつにまとめる。
3　打ち粉をした台の上で2をのばし，よく練る。練りあがったら2つに分け，500g用のパン皿にバターを塗って入れる。
4　あらかじめ180℃に熱しておいたオーブンで約40分焼く。串を刺してみて何もついてこないようであればできあがり。

## スウェーデンのリンパブレッド

材料（2個分）

| 水 | 300mℓ |
| キャラウェイの種 | 大さじ1 |
| フェンネルの種 | 大さじ1 |
| オレンジの皮 | 大さじ1½ |
| 三温糖 | 75g |
| ドライイースト | 15g |
| 強力粉 | 500g |
| 塩 | 小さじ2 |
| 牛乳 | 300mℓ |
| ライ麦粉 | 250g |

作り方

1　オレンジの皮はすりおろし，キャラウェイ，フェンネル，三温糖とよく混ぜる。水を沸騰させてこれにかける。
2　1が生温かいくらいまで冷めたら，ドライイーストを加えてなじませる。
3　2に強力粉と牛乳，塩を加え，よく混ぜる。少し堅めの生地になるまで少しずつライ麦粉を混ぜていく。
4　打ち粉をした台の上で約10分，柔らかくなるまでこねる。
5　ボールに少量の油を塗り，生地を入れてラップかふきんをかぶせ，2時間ほどおいてふくらませる。
6　さらにこね，2つに分けて丸める。油を塗ったシートの上に乗せ，1時間ほどおいてふくらませる。
7　あらかじめ180℃に熱したオーブンで35～40分ほど焼く。

## サフランブレッド

材料（1kg分）

| サフラン | 小さじ½ |
| 熱湯 | 30mℓ（大さじ2） |
| 牛乳 | 300mℓ |
| ドライイースト | 15g |
| バター | 50g |
| 砂糖 | 大さじ4 |
| 塩 | 小さじ½ |
| 薄力粉 | 625g |

作り方

1　サフランは熱湯に5分ほど浸す。
2　牛乳は火にかけて少量をとり分けて冷まし，ドライイーストを加えてなじませる。
3　バターを湯せんで溶かし，砂糖，塩と一緒に残りの牛乳に入れ，サフランのつけ汁とイーストを加えてよく混ぜる。
4　薄力粉の半分を3に入れ，木べらでよく混ぜ合わせる。残りは少量ずつ加え，光沢のあるしっかりした生地にしあげる。
5　生地を柔らかくなめらかにこねあげる。ボールの内側に少量の油を塗って生地を入れ，ラップかふきんをかぶせて1時間半から2時間おいておく。
6　およそ倍くらいの大きさにふくらんだらさらにこね，1kg用のパン焼き皿にバターを塗って生地を入れる。皿のふちまでふくれるまでおいておく。
7　あらかじめ220℃に熱したオーブンで10分ほど焼き，180℃に下げてさらに15～20分焼く。焼き皿の底をたたいて乾いた音がしたらできあがり。

## バナナブレッド

材料（500g分）

| バター | 75g |
| 砂糖 | 125g |
| 卵 | 1個 |
| 薄力粉 | 250g |
| ベーキングパウダー | 小さじ2 |
| バニラのさや | 7.5cm |
| 塩 | 1つまみ |
| バナナ | 2本 |
| レーズン | 75g |

・スパイスのきいた料理・

作り方
1　ボウルでバターと砂糖を混ぜ，ほぐした卵を加える。
2　薄力粉とベーキングパウダーをふるう。バニラの種を取り出して塩と一緒に粉に加える。
3　バナナはつぶし，1に2を交互に加え，さらにレーズンを混ぜ入れる。500g用のパン焼き皿に油を塗り，生地を入れる。
4　あらかじめ190℃に熱したオーブンで約30分焼き，表面がきつね色になって串を刺し入れても何もついてこないようならできあがり。

## ジンジャービスケット

簡単にでき，子供も喜ぶビスケットです。

材料
| | |
|---|---|
| 蜂蜜 | 150g |
| 三温糖 | 75g |
| バター | 25g |
| ドライジンジャーの粉末 | 小さじ2 |
| シナモンの粉末 | 1つまみ |
| クローブの粉末 | 1つまみ |
| ブラックペパーの粉末 | 1つまみ |
| カルダモンの粉末 | 小さじ½ |
| 薄力粉 | 375g |
| 卵黄 | 1個 |
| ベーキングパウダー | 小さじ1 |
| 粉砂糖 | 50g |
| レモン汁 | 5mℓ |

作り方
1　蜂蜜，三温糖，バターを厚手の鍋で熱し，砂糖が溶けてなめらかになるまでよく混ぜる。スパイスを加え，火から下ろして冷ます。
2　薄力粉の3分の2をボールにふるい，卵黄と1を加えよく混ぜる。ベーキングパウダーを大さじ1のぬるま湯に溶かして加え，ボールのふちにつかないくらいの堅さになるまで残りの小麦粉を加える。
3　打ち粉をした台の上で2を1cmの厚さにのばす。ビスケット型で好きな形に抜き，油を塗ったシートの上に並べる。
4　あらかじめ160℃に熱したオーブンの上で10〜12分焼く。粉砂糖をふるってレモン汁と一緒に5mℓ(小さじ1)のぬるま湯に溶かし，ビスケットが冷めたら表面にはけで塗る。

## チョコレートマカルーン

材料
| | |
|---|---|
| チョコレート | 75g |
| 砂糖 | 125g |
| アーモンドの粉末 | 150g |
| バニラのさや | ½本 |
| シナモンの粉末 | 小さじ¾ |
| 卵白 | 2個分 |

作り方
1　チョコレートを湯せんで溶かして残りの材料を全部入れ，柔らかなペースト状にする。
2　天板に紙を敷き，1を小さく丸めてのせ，上部をナイフで平たくする。

3　あらかじめ180℃に熱したオーブンで12〜15分，こんがりと焼く。

## アニスショートブレッド

材料
| | |
|---|---|
| バター | 125g |
| グラニュー糖 | 40g |
| 粉砂糖 | 25g |
| 薄力粉 | 250g |
| アニスの粉末 | 小さじ1 |
| 塩 | 小さじ¼ |
| オレンジフラワーウォーター | 10mℓ(小さじ2) |
| 松の実(好みで) | 適量 |

作り方
1　粉砂糖はふるっておく。バターをボールで練り，グラニュー糖と粉砂糖を加えてさらに練る。
2　薄力粉にアニスと塩を加え，オレンジフラワーウォーターと交互に1に加えて滑らかな生地に練る。
3　生地を4〜5個に分け，8mmくらいの厚さの円形にするか棒状にする。好みで松の実を上につけ，天板に紙を敷いてのせる。
4　あらかじめ150℃に熱しておいたオーブンで淡いきつね色になるまで焼く。紙の上で粗熱をとってから金網の上で冷ます。

バリエーション
◆アニスの変わりにシナモン，バニラ，カルダモン，サフラン，サフラワーなどを使ってもおいしいショートブレッドができます。

## シナモンビスケット

材料
| | |
|---|---|
| 薄力粉 | 300g |
| シナモンの粉末 | 小さじ2 |
| ベーキングパウダー | 小さじ1 |
| 三温糖 | 150g |
| バター | 75g |
| 卵 | 1個 |
| ゴールデンシロップ | 50g |
| アーモンドチップまたはゴマ(好みで) | 適量 |

作り方
1　薄力粉，シナモン，ベーキングパウダーをふるって合わせ，三温糖も加える。
2　バターは小さな角切りにし，指先で1と一緒にパン粉のようにぼそぼそとするまで混ぜる。
3　卵はゴールデンシロップを加えて滑らかになるまで混ぜ，2のまん中に穴を作って流し入れる。
4　生地をさっとまとめて丸め，ラップに包んで30分ほど冷凍する。
5　少量の打ち粉をした台の上で生地をのし，5mmほどの厚さにする。好みの型で抜き，アーモンドチップやゴマを好みで飾る。そのまま焼いた後に粉砂糖をふってもいい。
6　あらかじめ160℃に熱しておいたオーブンで8〜10分焼き，きつね色になったら金網に乗せて冷ます。

▶チョコレートマカルーン　味つけはバニラとシナモンで

140

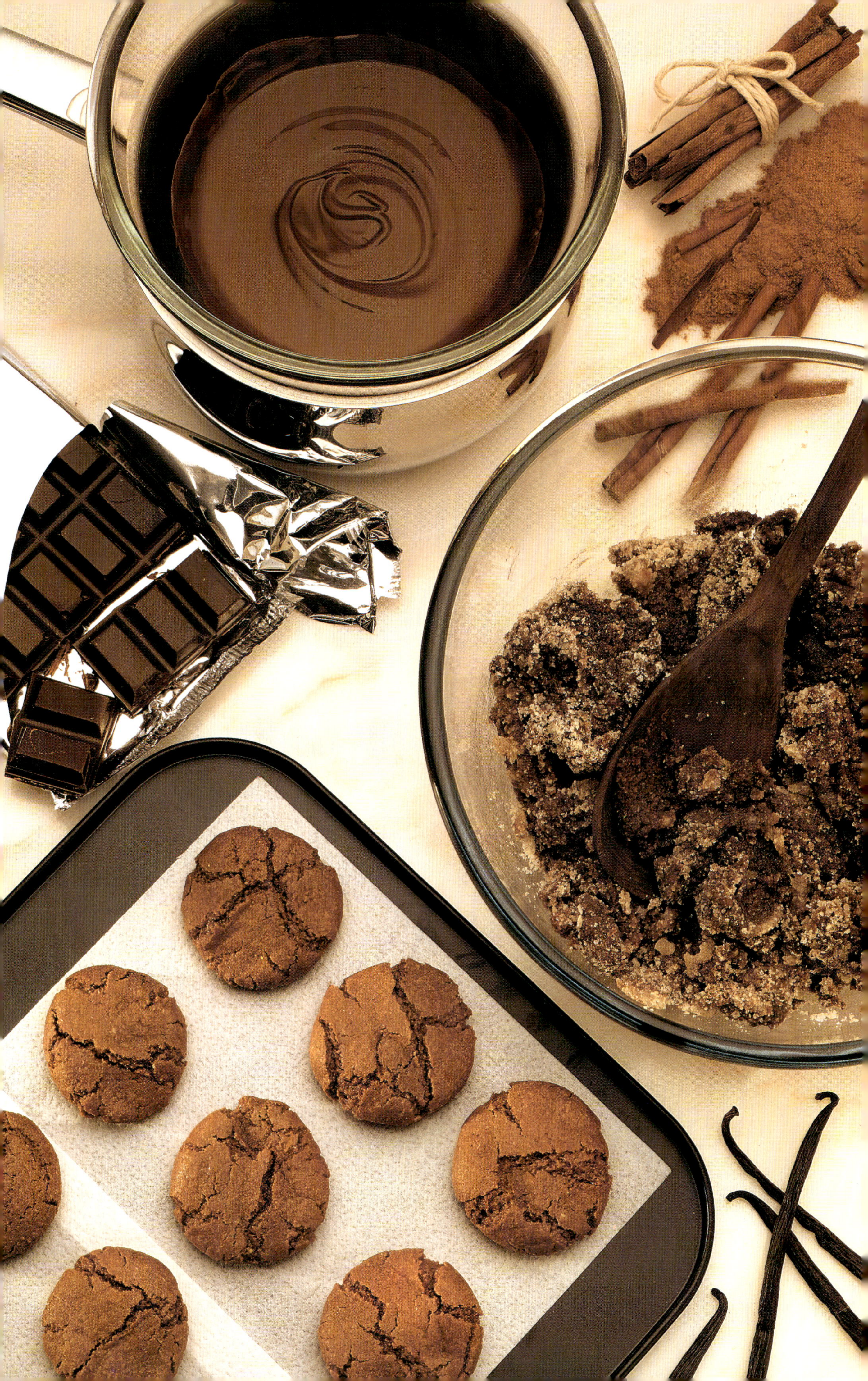

# ソース、保存食

## インドネシアの醤油ソース

サテーやごはんなどにつける，手軽なソースです。

### 材料
| | |
|---|---|
| サラダ油 | 45mℓ（大さじ3） |
| タマネギ | 小1個 |
| ニンニク | 2かけ |
| サンバルウラック（74〜75頁参照） | 小さじ½ |
| またはチリパウダー | 小さじ½ |
| 塩 | 少々 |
| 濃口醤油 | 90mℓ（大さじ6） |
| 酢 | 45mℓ（大さじ3） |
| 砂糖 | 小さじ2 |
| カフィルライムの葉 | 2枚 |
| またはレモングラスの粉末 | 小さじ¼ |
| 水 | 30〜45mℓ（大さじ2〜3） |

### 作り方
**1** タマネギは小さくきざみ，ニンニクは砕く。鍋にサラダ油を熱してタマネギをきつね色になるまで炒め，ニンニクを加えて少し炒めてからすべての材料を加え，よくかき混ぜながら3〜4分炒める。
**2** 味をみて，必要に応じて調味料で味を整える。カフィルライムの葉は取り除いておく。

## ピーナツソース

サテー，ごはん，野菜などによく合うおいしいインドネシアのソースです。材料をたっぷりと使うように思われますが，できあがりの量はそう多くはありません。保存がきき，また，ココナツミルクか水でうすめればガドガド（134頁参照）のソースにもなります。

### 材料
| | |
|---|---|
| ヒマワリかピーナツの油 | 30mℓ（大さじ2） |
| コリアンダーの粉末 | 小さじ½ |
| クミンの粉末 | 小さじ2 |
| ドライジンジャーの粉末 | 小さじ1 |
| カレーリーフ | 数枚 |
| 細かく砕いたトラッシ（154〜155頁参照） | 小さじ1 |
| タマネギ | 大1kg |
| ピーナツバター | 350g |
| クリームココナツ | 60mℓ（大さじ4） |
| サンバルウラック（74〜75頁参照，既成品もある） | 大さじ1 |

**1** タマネギはみじん切りにする。鍋にヒマワリ油またはピーナツ油を熱し，粉末のスパイス類，カレーリーフ，トラッシ，タマネギをよく混ぜながらできるだけ弱火で炒める。
**2** ピーナツバターとクリームココナツも加え，焦げつかないようにときどきかき混ぜながらふたをして煮込む。焦げつくほど水気が少なくなってしまったら必要に応じて大さじ1〜2杯くらいの水を加える。
**3** 強くかき混ぜ，ねっとりと滑らかにする。ゆっくりと時間をかけて煮込むと味もぐんとよくなる。
**4** カレーリーフを取り除いてサンバルを加え，さらに煮詰める。煮詰めるにつれ辛くなるので1時間以上は煮込まないようにする。

## ロメスコソース

スペインのタラゴン州特産のソースです。芳香のあるマイルドなチリの仲間，ロメスコペパーを使うことからこの名がついています。このロメスコペパーはスペイン以外ではなかなか手に入らないので，ここでは生のレッドペパーとカイエンペパーで代用します。できあがったソースは魚介類によく合いますが，野菜の煮物や野菜サラダにも合います。パンに塗ってもおいしいソースです。

### 材料
| | |
|---|---|
| 乾燥したロメスコペパー | 1個 |
| または生のレッドペパー1個とカイエンペパー1つまみ | |
| ニンニク | 4かけ |
| トマト | 175g |
| ヘーゼルナッツ | 10個 |
| アーモンド | 10個 |
| パセリ | 1束 |
| ワインビネガー | 30mℓ（大さじ2） |
| オリーブ油 | 75mℓ |

### 作り方
**1** ロメスコペパーを使う場合は種を取り除いて30分ほど水に漬けておく。
**2** ニンニクは皮がついたままトマト，ヘーゼルナッツ，アーモンドと一緒に紙を敷いた天板の上にのせる。レッドペパーとカイエンペパーを使う場合はこれも一緒にのせる。あらかじめ200℃に熱しておいたオーブンに入れ，ナッツとアーモンドは薄茶色になったら，トマトとニンニクは柔らかくなったところで，レッドペパーとカイエンペパーはふやけてしわしわになったところで，それぞれ取り出す。全部で25分くらいかかる。
**3** 2で加熱したものの皮をむく。ロメスコペパーを使った場合は水気をしぼり出す。
**4** ニンニク，ロメスコペパー，ヘーゼルナッツ，アーモンドをフードプロセッサまたはミキサーなどで細かくする。これにトマトとパセリを加えてよく混ぜ，マヨネーズを作る要領でワインビネガーとオリーブ油を切るように混ぜ入れる。塩コショウで味を整える。
**5** 最低2時間，味をなじませてから食卓に出す。

## アメリカンピクルス

### 材料（2kg分）
| | |
|---|---|
| キュウリ | 1.5kg |
| タマネギ | 大4個 |
| 岩塩 | 75g |
| 氷 | 適量 |

| | |
|---|---|
| シードルビネガー | 900mℓ |
| ターメリックの粉末 | 小さじ1 |
| マスタードの種 | 大さじ1 |
| セロリシード | 小さじ1 |
| ブラックペパーの実 | 小さじ½ |
| クローブ | 6個 |
| 砂糖 | 750g |

**作り方**

1　キュウリは1cmほどの長さのぶつ切り、タマネギは厚めの半月切りにする。大きめのボウルにキュウリ、タマネギ、塩、氷を入れ、重しをして3～4時間おいておく。漬物器などを利用してもいい。
2　ビネガー、スパイス、砂糖を合わせて沸騰させる。よくかき混ぜて砂糖を溶かし、火を止めて冷ましておく。
3　1のキュウリとタマネギの水気をよくきる。2のシロップを再び沸騰させてキュウリとタマネギを入れ、もう一度沸騰したら火を止める。
4　広口瓶や密封瓶を熱湯消毒してから3を入れ、2週間ほどおく。

## ブラックオリーブのオイル漬け

**材料(500g分)**

| | |
|---|---|
| 塩漬けのブラックオリーブ | 500g |
| フェンネルの種 | 大さじ1 |
| オールスパイス | 大さじ1 |
| ローレル | 3枚 |
| オリーブ油 | 適量 |

**作り方**

1　オールスパイスは砕く。オリーブはよく洗って水気をきり、大きめの広口密封瓶の中に、スパイス類と一緒に重ねていく。
2　ベイリーフをさしこみ、オリーブが充分に隠れるくらいまでオリーブ油を注ぎ入れる。涼しいところで3～4週間おく。

## グリーンオリーブのオイル漬け

**材料(500g分)**

| | |
|---|---|
| 塩漬けのグリーンオリーブ | 500g |
| ニンニク | 大4かけ |
| コリアンダーの種 | 大さじ1 |
| レモン | ½個 |
| オリーブ油 | 適量 |

**作り方**

1　オリーブはよく洗って水気をきり、すりこぎかめん棒でたたいて割る。レモンは輪切りにする。大きめの広口密封瓶を用意し、ニンニクやコリアンダー、レモンの輪切りと一緒にオリーブを重ねていく。
2　オリーブが隠れるまでオリーブ油を注ぎ、3週間以上おく。

## ニンニクのピクルス

ニンニクはピクルスにすれば時間がたつごとに味も香りもやわらいで食べやすくなります。3～4カ月ほど漬けこんだものは野菜や肉料理のつけあわせによく合います。

**材料(250g分)**

| | |
|---|---|
| ニンニク | 250g |
| 塩 | 大さじ1 |
| フェンネルの種 | 大さじ3 |
| ブラックペパーの実またはロングペパー | 大さじ1 |
| ガラムマサラ(84～85頁参照) | 大さじ1 |
| ニゲラ | 大さじ1 |
| チリパウダー | 小さじ1 |
| アサフェティダの粉末 | 小さじ¼ |
| ヒマワリ油 | 900mℓ～1200mℓ |

**作り方**

1　ニンニクは皮をむき、しみがあるようなものはよける。
2　塩とスパイスを加えて広口の密封瓶に入れ、ニンニクが全部浸るまでヒマワリ油を注ぎ入れてふたをする。
3　瓶を暖房器具のそばや日なたなど暖かいところに置いておく。1日に数回かき混ぜながら5日ほどおき、さらに最低1週間ほど暖かい場所に置く。

## ライムのピクルス

**材料(300mℓ分)**

| | |
|---|---|
| ライム | 6個 |
| 塩 | 50g |
| マスタードの種 | 大さじ1 |
| フェネグリークの種 | 小さじ1 |
| スターアニスの種 | 2個分 |
| グリーンチリ | 小4個 |
| 三温糖 | 125g |
| ドライジンジャーの粉末 | 大さじ1 |
| 水 | 45～60mℓ(大さじ3～4) |

**作り方**

1　ライムは4つ切りにして浅い大きめのボールに入れ、塩をふりかけてひと晩おく。
2　マスタードの種、フェネグリーク、スターアニスの種、チリを乾いたフライパンに入れ、火にかける。種がはじけるのでふたをし、はじけるのがおさまったら火から下ろす。
3　鍋にライム汁をしぼり出し、三温糖、ジンジャー、水を加えて沸騰させ、三温糖が溶けたら火から下ろす。
4　ライムと2とを広口の密封瓶に入れ、よく混ぜる。3の冷えたものをかけ、ふたをして4週間ほどおく。

## トマトチャツネ

**材料(1.25kg分)**

| | |
|---|---|
| 完熟トマト | 1.5kg |
| タマネギ | 大2個 |
| ニンニク | 4かけ |
| ホワイトビネガー | 175mℓ |
| 塩 | 小さじ1 |
| パプリカ | 小さじ¼ |
| クローブの粉末 | 小さじ¼ |
| メースの粉末 | 小さじ¼ |
| カルダモンの粉末 | 小さじ¼ |
| 砂糖 | 250g |

・スパイスのきいた料理・

### 作り方
1　トマトは湯むきにして小さくきざむ。タマネギも小さくきざみ，ニンニクは薄切りにする。これらを厚手の鍋でひとかたまりになるくらいまでよく炒める。
2　ビネガーの半量，塩，スパイスを1に混ぜ入れ，沸騰させてジャムのようになるまで煮詰める。
3　残りのビネガーに砂糖を混ぜ，2に加える。ときどきかき混ぜながら15分ほど煮ると濃いチャツネができあがる。熱いうちに広口の密封瓶に入れる。

## アンズとリンゴのチャツネ

#### 材料(1.5kg分)
| | |
|---|---|
| 干したアンズ | 500g |
| 青リンゴ | 2個 |
| タマネギ | 大3個 |
| レーズン | 125g |
| ホワイトビネガー | 450mℓ |
| 三温糖 | 250g |
| マスタードの種 | 小さじ½ |
| ドライジンジャーの粉末 | 小さじ¼ |
| オールスパイスの粉末 | 小さじ½ |
| 塩 | 小さじ1½ |

### 作り方
1　アンズは堅ければ数時間水に漬け，水気をきってきざむ。青リンゴは皮をむいて小さくきざみ，タマネギは薄切りにする。
2　材料を全て厚手の鍋に入れ，ぼってりと固まるまで45分ほどことことと煮る。ときどきかき混ぜて焦げつかないように注意する。熱いうちに広口の密封瓶に移す。

## スパイス入りクロスグリゼリー

#### 材料(1kg分)
| | |
|---|---|
| クロスグリ | 1.5kg |
| 水 | 300mℓ |
| ナツメグをおろしたもの | 小さじ¼ |
| シナモンの粉末 | 小さじ¼ |
| クローブの粉末 | 1つまみ |
| 砂糖 | 適量 |
| レモン汁 | 2個分 |

### 作り方
1　クロスグリ，水，スパイスを厚手の鍋に入れて沸騰させ，汁気が充分に出るまで30分ほど弱火でことことと煮る。ときどきかき混ぜ，クロスグリをつぶすようにする。
2　さらしのふきんなどに包んで汁を絞り出す。汁の量を計り，600mℓにつき500gの割合で砂糖を加える。
3　2とレモン汁を鍋に入れ，煮詰めて火を止め，熱いうちに広口瓶に移す。

## 青クルミの砂糖漬け

ギリシャのいっぷう変わったジャムです。作るのに時間はかかりますが，青クルミがたくさん手に入ったとき作ると後々重宝します。

#### 材料(750g分)
| | |
|---|---|
| 青クルミ | 1kg |
| 砂糖 | 1kg |
| 水 | 1000mℓ |
| レモン汁 | 3個分 |
| クローブ | 12個 |

### 作り方
1　青クルミはあくが強く手がかぶれるのでゴム手袋をして扱う。薄皮をむき，冷水に6〜7日間漬けて苦みを消す。1日に2度水を換えるようにする。
2　ステンレスかホーローの鍋に砂糖，水，レモン汁を入れて沸騰させ，濃いシロップにする。
3　クルミの水気をきり，クローブと一緒に2に加える。40分ほど煮てから火を止めて冷ます。
4　クルミがシロップに充分漬かっていることを確かめ，必要ならば落としぶたをして48時間ほどおいておく。
5　クルミを取り出してシロップを再び沸騰させ，さらに40分ほど弱火で煮込む。
6　温めた広口の密封瓶にクルミとシロップを入れ，冷めてからふたをする。

## プラムの砂糖漬け

#### 材料(1kg分)
| | |
|---|---|
| 小さくて堅めのプラム | 1kg |
| 砂糖 | 175g |
| ワインビネガー | 300mℓ |
| カシアの樹皮 | 2片 |
| クローブ | 小さじ½ |
| メース | 3〜4片 |

### 作り方
1　プラムを10分間冷水に漬ける。水気をきり，それぞれにいくつか穴を開けて広口の密封瓶に入れる。
2　残りの材料を鍋に入れ，沸騰させる。砂糖が溶けたらさらに4〜5分煮て火を止める。
3　プラムに2を均等にかけ，どのプラムにもシロップが充分にかかっているか確かめる。
4　ふたをして10分ほどおく。

### バリエーション
◆アンズ，桃，洋梨なども同じように砂糖漬けにできますが，大きなフルーツの場合は4等分にしてから使います。洋梨を使う場合は皮をむいて漬けましょう。

# ドリンク

## スパイスティー

#### 材料（4～6人分）
- 水・・・・・・・・・・・・・・・・・・・・・・・・・・・・・・1000ml
- シナモンスティック・・・・・・・・・・・・・・・・・・1本
- クローブ・・・・・・・・・・・・・・・・・・・・・・・・・・・3個
- オールスパイスの実・・・・・・・・・・・・・・・・・3個
- カルダモン・・・・・・・・・・・・・・・・・・・・・・・・・3個
- 紅茶の葉・・・・・・・・・・・・・・・・・・15ml（大さじ1）

#### 作り方
1　カルダモンは砕いてほかのスパイスと一緒に水の中に入れ，5分ほど煮る。
2　1を沸騰させてから紅茶の葉を入れ，温めたティーポットに注いで5分待つ。

## メキシカンコーヒー

メキシコではコーヒーは陶器のマグカップでいれますが，ここでは鍋かコーヒーポットで代用します。

#### 材料（4～6人分）
- シナモンスティック・・・・・・・・・・・・・・・・・・½本
- 黒砂糖・・・・・・・・・・・・・・・・・・・・・・・・・・小さじ4
- 水・・・・・・・・・・・・・・・・・・・・・・・・・・・・・・・900ml
- 粗挽きの炭焼きコーヒー・・・・・・・・・・・・・60ml

#### 作り方
1　シナモン，砂糖，水を合わせて砂糖が溶けるまで弱火にかける。
2　コーヒーを注ぎ入れて沸騰させ，火から下ろす。もう一度沸騰させてから火を止め，1～2分待ってからこして飲む。

## スパイスアイラン

トルコで愛用されているさわやかなドリンクです。

#### 材料（4～6人分）
- プレーンヨーグルト・・・・・・・・・・・・・・・・・450ml
- 冷水・・・・・・・・・・・・・・・・・・・・・・・・・・・・・450ml
- カルダモン・・・・・・・・・・・・・・・・・・・・・・・8さや
- 氷・・・・・・・・・・・・・・・・・・・・・・・・・・・・・・・・適量

#### 作り方
1　ヨーグルトをクリーム状になるまで泡立て，水を少量ずつ加えてさらに泡立てる。
2　均等に混ざったら，カルダモンの種だけを加える。そのまま，または氷を入れて飲む。

## チリウォッカ

身体が温まり，鼻風邪によく効くドリンクです。

#### 材料
- ウォッカ・・・・・・・・・・・・・・・・・・・・・・・・・・・1瓶
- 赤トウガラシ・・・・・・・・・・・・・・・・・・・・・・・2個

#### 作り方
ウォッカ1瓶に赤トウガラシを24時間漬け，赤トウガラシを取り除いて冷凍する。

## カリビアンジンジャーエール

#### 材料（4.8L分）
- ショウガ・・・・・・・・・・・・・・・・・・・・・・・・・250g
- ライム・・・・・・・・・・・・・・・・・・・・・・・・・・・・2個
- タルタルソース・・・・・・・・・・・・・・・・・・・・15g
- 砂糖・・・・・・・・・・・・・・・・・・・・・・・・・・・・・1kg
- 水・・・・・・・・・・・・・・・・・・・・・・・・・・・・・・4.8L
- ドライイースト・・・・・・・・・・・・・・・・・・大さじ1

#### 作り方
1　ショウガは皮をむき，大きなボールか広口の密封瓶にすりおろす。ライムは薄切りにし，タルタルソースと砂糖と一緒にショウガに加える。
2　水200mlを火にかけ，ぬるま湯になったらイーストにふりかけてしばらくなじませる。
3　水の残りを沸騰させ，1に注ぐ。生ぬるいくらいまで冷めたら2のイーストをペースト状に練って加え，混ぜる。
4　ふたをして2日ほど熟成させ，こしてから瓶詰めにする。冷蔵庫で1週間，室温なら2～3日ほどもつ。

## 香味果実酒

#### 材料（750ml分）
- 水・・・・・・・・・・・・・・・・・・・・・・・・・・・・・・150ml
- シナモンスティック・・・・・・・・・・・・・・・小1片
- ドライジンジャー・・・・・・・・・・・・・・・・・小1片
- クローブ・・・・・・・・・・・・・・・・・・・・・・・・・・8個
- オレンジの皮（好みで）・・・・・・・・・・・・・適量
- 砂糖・・・・・・・・・・・・・・・・・・・・・・・・・・・・・75g
- 赤ワイン・・・・・・・・・・・・・・・・・・・・・・・・・・1本

#### 作り方
1　ジンジャーはたたいてシナモン，クローブ，オレンジの皮，砂糖，水と一緒に鍋に入れて沸騰させ，濃いシロップにする。
2　ワインを注ぎ入れ，沸騰直前まで熱し，熱いうちに飲む。

## クローブの強心酒

1833年に書かれたレシピに従って作ってみます。味もなかなかで，強心作用があります。

#### 材料
- クローブ・・・・・・・・・・・・・・・・・・・・・・・・¼オンス
- カシアのつぼみ・・・・・・・・・・・・・・・・・・¼オンス
- オールスパイス・・・・・・・・・・・・・・・・・・・12粒
- 熱湯・・・・・・・・・・・・・・・・・・・・・・・・・・・・・適量
- シロップ・・・・・・・・・・・・・・・・・・・・・・・・・・少々

#### 作り方
1　クローブとカシアはたたいてオールスパイスと一緒に熱湯に入れ，瓶につめて暖かい場所に1～2晩おいておく。
2　これをこして好みでシロップを加える。

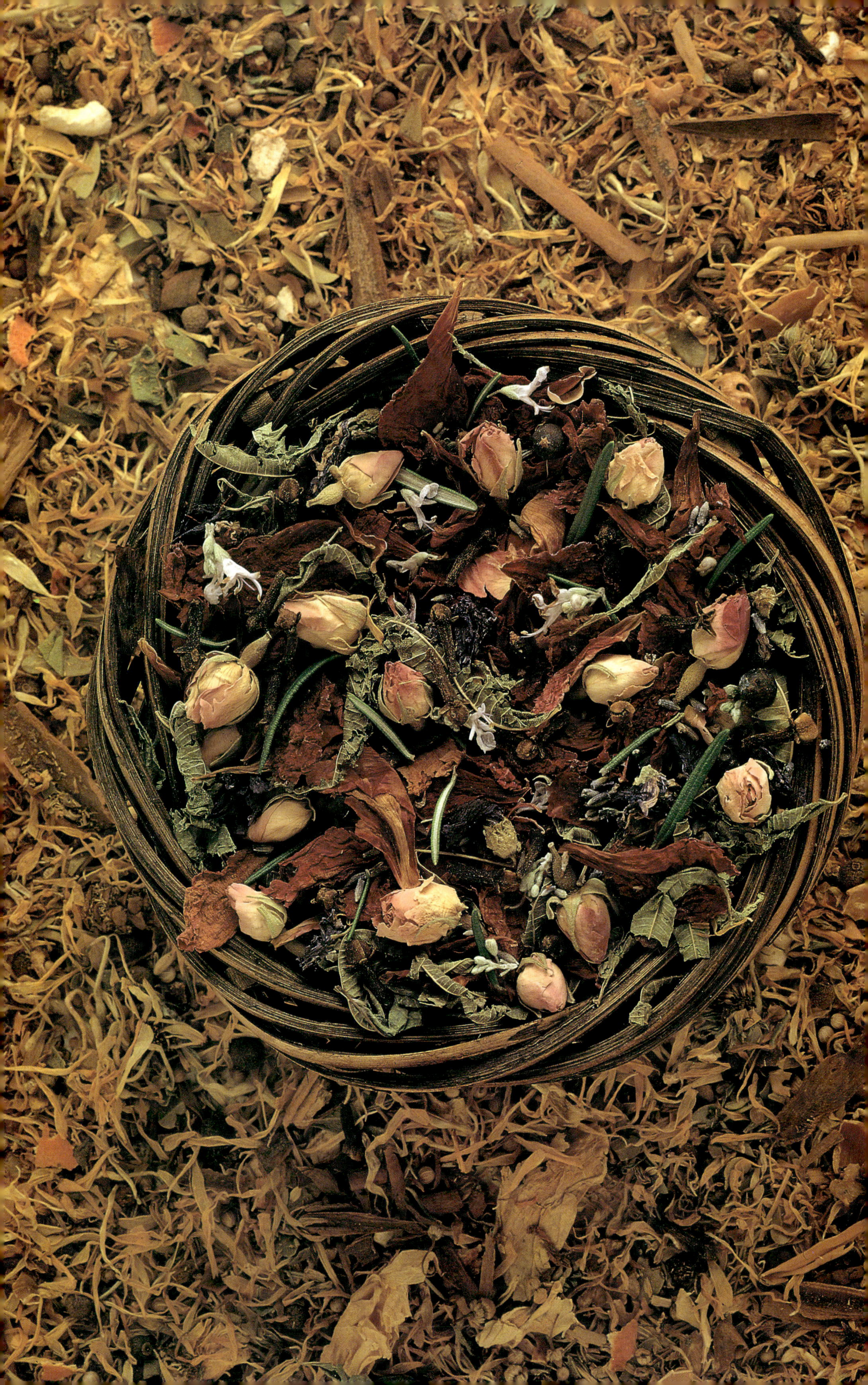

# スパイスのある暮らし

かつてスパイスは今よりもずっと手広く使われていました。料理の香りや味つけ，保存だけでなく，空気をさわやかにしたり害虫を追い払ったり，病気の予防や治療にと，実にさまざまな目的で利用されてきたのです。1章で述べたように，古代エジプトでは焼香やミイラを作るためにも使われたという記録があります。この章では伝統をひもときながら，部屋を飾ったり薬用にしたりなど，料理以外に上手にスパイスを使いこなす方法を紹介します。また，スパイスとつきあう基本ともいえる，購入と保存の方法についても詳しく説明しました。かつて木になる宝石と尊ばれたスパイスを暮らしに上手に生かしましょう。

# いにしえのスパイスライフ

「月のように丸い，小さなオレンジを選ぼう
日のあたる木立で熟したオレンジを
夏まっさかりの草刈り場みたいに乾いたら
クローブをいっぱい刺して飾ろう」
エレノア・ファージョン
『クローブオレンジ』より

今日，私たちはスパイスを主に料理に使っていますが，昔のヨーロッパの人々はもっとさまざまな用途に盛んに利用していました。ひとまとめにして手に握ったりベルトに下げて防臭剤兼魔除けとしていた時代もありましたし，袋に入れたラベンダーの花やハーブの束をたんすや机の引き出しに入れ，洋服や小物などに香りを移して香水のようにも使っていました。また，ポプリを部屋に飾ったり甘い香りのハーブを床にまいて，香りのインテリアとしても大いに楽しんだのです。さらに，防腐作用があるところから病気を追い払う力があるとも信じられ，薬用にも利用されました。

エリザベス1世の時代のイギリスでは，庭のハーブや花屋の花，薬品店や食料品店のスパイスなどを利用して，石鹸や防虫剤，ローション，軟膏，染料，強心酒，うがい薬，飲み薬などさまざまなものを家庭で作って使っていました。スパイスについて書かれたそのころの本には，料理に使うのと同じくらい，こうした用途のためのスパイスの使い方，インテリアとしての飾り方などの指導がなされています。そのいくつかをひもときながら，スパイスのより広範囲な利用法を，昔の人々に習ってみましょう。

## アクアコンポジータ

**材料**
ガスコーニュワイン……………………………1ガロン(3.785ℓ)
ショウガ………………………………………1ドラム(3.888g)
ガランガル……………………………………………1ドラム
シナモン………………………………………………1ドラム
ナツメグ………………………………………………1ドラム
パラダイスグレイン……………………………………1ドラム
アニスの種……………………………………………1ドラム
フェンネルの種………………………………………1ドラム
キャラウェイの種……………………………………1ドラム
セイジ…………………………………………………1つかみ
ミント…………………………………………………1つかみ
赤いバラ………………………………………………1つかみ
タイム…………………………………………………1つかみ
ペリトリー(アフリカ原産のキク科の植物)………1つかみ
ローズマリー…………………………………………1つかみ
野生のタイム…………………………………………1つかみ
カモミール……………………………………………1つかみ
ラベンダー……………………………………………1つかみ

**作り方**
スパイスとハーブを小さく砕き，ときどき混ぜながら12時間ワインに漬けこむ。蒸留してとれる最初の透明な液，そして2番目の液をとっておく。ワイン1ガロンからだいたい1パイント(0.57ℓ)の液がとれる。ヒュー・プラット『主婦の楽しみ』(1602年)より

アクアコンポジータやアクアミラビリス，シナモンウォーター，アニシードウォーターなどは胸やけ，うつ病，消化不良などいろいろな病気の治療薬に，また鎮静剤に処方されていました。効果のほどは疑問ではありますが，少なくとも精神的な効果はあったものと思われます。

今日ではスパイスウォーターを蒸留したり石鹸やうがい薬などを家庭で作るのは手間ばかりかかって多少無理があります。けれどポプリやクローブオレンジは比較的簡単に作ることができ，昔から愛された香りを存分に楽しむことができます。部屋やたんすに置いておくと虫よけの効果もあるのです。精油を香りづけに使うのもいいのですが，揮発性であるためにすぐに芳香を失ってしまうので，何か精油を留めておくような物質を加える必要があります。昔はジャコウなどを使いましたが，今ではニオイアヤメの根やバニラのさや，シナモンスティックのような植物性物質が一般的に使われています。

## バラのにおい袋

香りのいいバラの花びらから白い部分を切り取り，よく乾燥させてローズオイル数滴とクローブの粉末を混ぜる。小袋に入れて引き出しにしまっておく。
ハンナ・グラス『お菓子作りのガイド』(1760年)より

## ローズマリーとバーベナのにおい袋

**材料**
乾燥したローズマリーの花……………………………1つかみ
乾燥したバーベナの葉…………………………………1つかみ
乾燥したニオイアヤメの根………………………………25g
陳皮………………………………………………………1個分
ナツメグ…………………………………………………½個

**作り方**
ニオイアヤメの根，陳皮，ナツメグはそれぞれすりおろしたりすりつぶし，材料をすべて合わせて綿かモスリンの小袋に詰める。

## リネン用のにおい袋

リネンの洋服にいい香りをつけ，虫などを防ぐための古くからの方法です。

**材料**
乾燥したバラのつぼみ……………………………………½カップ
ニオイアヤメの根…………………………………………⅓カップ
コリアンダーの種…………………………………………カップ1
シナモンの粉末……………………………………………小さじ1
クローブ………………………………………………………10個
乾燥したオレンジの花……………………………………½カップ
塩……………………………………………………………小さじ½

**作り方**
ニオイアヤメの根はすりつぶし，コリアンダーの種，クローブはすりこぎなどで軽くつぶす。すべての材料を混ぜて綿の小袋に詰める。
ジャクリーン・エリトー『ポプリと香りの楽しみ方』(1975年)より

## 虫よけのにおい袋

昔のヨーロッパではどの家庭でも蛾が衣類などに卵を産みつけるのに困っていました。そこでスパイスの香りを利用した，いろいろな虫よけのにおい袋が考え出されました。
**作り方**
1　キャラウェイの粉末，クローブの粉末，ナツメグの粉末，メースの粉末，シナモンの粉末，トンカ豆(熱帯アフリカ原産の，芳香のある木の種)それぞれ等量を混ぜる。
2　1の総量と同じ分だけ，ニオイアヤメの根をすりつぶしたものを加え，よく混ぜ合わせて小袋に詰める。

イギリスの雑誌『家事上手の奥さん』(1860年)より

## クローブオレンジ(ポマンダー)(150頁参照)

皮の薄いオレンジを選び，皮に直角に交差するようにぐるりと2本の包丁目をいれる。この包丁目に沿ってリボンをかけ，リボンの端はあとでぶら下げるために長くしておく。かがり針やとじ針など太めの針でオレンジにクローブを挿しこむ穴を開ける。この穴を開けずに直接クローブを挿そうとするとクローブの茎が折れてしまったり指も痛くなるので必ず穴を開けておくようにすること。クローブ同士がくっつかない程度に均等に挿し，ニオイアヤメの根の粉と，オールスパイスまたはシナモンの粉末のどちらか一方を等量ずつ混ぜたものにオレンジを転がす。粉が全体に充分についたらティッシュペーパーに包んで2週間ほどおいておき，完全に乾くのを待つ。形は小さくなるが，1～2年は香り続ける。

## 伝統的なポプリ

**材料**
芳香のある葉や花を乾燥したもの……………………1ℓ
岩塩 ………………………………………………200g
クローブの粉末…………………………………………50g
オールスパイスの粉末…………………………………50g
安息香(ベンジャミンから採れる)………………………75g
ニオイアヤメの根の粉末………………………………75g
三温糖……………………………………………………50g
シナモン……………………………………………小数片
ブランデー………………………………………………45㎖

**作り方**
1　バラ，ラベンダー，ニオイゼラニウム，ローズマリー，レモンバーム，マジョラム，ローレルなど，香りのいい花や葉を選んでよく乾燥させる。市販のものもあるが，自分で乾燥させる場合は，風通しのいい部屋に逆さに吊るしたり，乾燥剤などを使って充分に乾かすこと。乾燥が不十分だと後で腐って悪臭を放ったりするので注意する。乾いたら自分の鼻で確かめながら好みの香りを合わせ，ボールに入れて塩150gを加え，3～4日おいておく。
2　安息香は細かくし，シナモンは砕いて塩の残りと砂糖，スパイスと一緒に1に加える。ふたのできる容器に移してブランデーをふりかけ，よく混ぜる。ふたを開けて部屋の隅に置いておけば部屋中にいい香りが広がる。香りが弱くなったらその度に混ぜ，乾いてしまったらブランデーを少々ふりかける。使わないときはしっかりとふたをしておくといい。

## ロードのポプリ

**材料**
バラの花びら………………………………………………1ℓ
岩塩………………………………………………………175g
オールスパイス………………………………………大さじ3
シナモンスティック……………………………………3本
クローブ………………………………………………大さじ1½
ナツメグ…………………………………………………3個
アニス…………………………………………………大さじ1
ラベンダー………………………………………………50g
ニオイアヤメの根………………………………………25g
ジャスミンオイル………………………………………5㎖
ニオイゼラニウムオイル………………………………3滴
ラベンダーオイル………………………………………3滴
レモンオイル……………………………………………3滴
ネロールオイル…………………………………………2滴
パチョリ(インド原産のハッカ科の植物)オイル………1滴
ローズマリーオイル……………………………………1滴

**作り方**
よく乾燥した時期を選んでバラの花びらを集め，紙の上に広げて陰干しする。できればダマスクローズという種類を選べば香りがよく，また長もちする。充分に乾いてから塩ひとつかみに対してバラの花びら3つかみの割合で混ぜてふたのできる入れ物に入れ，1日に2度ひっくり返して5日間おく。オールスパイスとシナモンスティックを粗く砕いて5日たったバラの花びらに混ぜ，さらにひっくり返しながら1週間おく。クローブを粗く砕き，ナツメグは粗くおろしてすべての材料と一緒に1週間たった花びらに加え，ときどき木さじでかき混ぜてできあがり。マジョラムやミントの葉，バーベナ，チューブローズ，オレンジ，クチナシ，カーネーション，スミレの花などの乾燥したものを入れてもいい。

エレノア・シンクレア・ロード著『楽しい庭作り』(1934年)より

## フローラルポプリ

**材料**
バラの花びら
ニオイゼラニウム
バーベナ
スイカズラ
ラベンダー
クローブの粉末
岩塩
ジャコウ
ラベンダーオイル
シナモンオイル
クローブオイル

**作り方**
バラの花びらは多めに取り，ほかの材料と一緒に風通しのいい室内で乾燥させる。外で乾燥させると香りが飛びやすいので室内で乾燥させることをおすすめする。充分に乾燥してからすべての材料を合わせてよく混ぜる。

ドロシー・オルハセン著『香りと料理の本』(1926年)より

・スパイスのある暮らし・

# ポプリとポマンダー

前の頁で紹介したような、香りのいい花びらや葉、スパイスなどを乾燥して混ぜ、壺などに入れて部屋の芳香用にしたものがポプリです。ポプリにスパイスが混ざっていると、揮発性の油分があるために甘く柔らかな香りが長もちしますし、小袋に詰めてにおい袋を作り、たんすの引き出しに入れれば衣類の防虫にも役立ちます。また、昔のヨーロッパではクローブオレンジに代表されるようなポマンダー（におい玉）を作り、防臭や魔除けに携帯していました。今ならば携帯はともかく、部屋に飾ればノスタルジーあふれる香りのインテリアとなります。

**におい袋**

ローズマリーとバーベナのにおい袋（作り方148頁）

虫よけのにおい袋（作り方149頁）

麻用のにおい袋（作り方148頁）

**クローブオレンジ**

オレンジにクローブを挿して作った、昔からある代表的なポマンダー。1～2年も香りがもつ

・ポプリとポマンダー・

## いろいろなポプリのブレンド

ロードのポプリ（作り方149頁）

伝統的なポプリ（作り方149頁）

フローラルポプリ（作り方149頁）

### ポプリボックス

すこしずつ香りを放ちながらポプリを美しくディスプレイできる

· スパイスのある暮らし ·

# 薬としてのスパイス

　残念なことに現在の欧米諸国ではスパイスを薬用に使うことはほとんどなくなってしまいました。けれど中国では今もいわゆる漢方として処方されているほか、インド古来の医術のアユルベーダでは何千年も前と同じようにスパイスを処方しています。こうした東洋諸国ではカシアやジンジャー、カルダモン、ペパー、ゴマ、ポピーなどが最も古くから薬用に使われてきたものと考えられています。一方メソポタミア文明ではディルやアニス、キャラウェイ、フェンネルなどのシード類が一般的に使われていたようです。また、エジプトやギリシャ、ローマなどでも古代文明の時代から、国産、東洋産を問わずさまざまな植物を薬用に利用していました。1世紀に書かれたプリニー著の『博物学』（全37巻）の第7巻は、すべてが薬用植物の記述に割かれているほどです。この頃のギリシャ人が残した薬用植物についての知識は、古くから東西の貿易の担い手であったアラブのスパイス商人に受け継がれ、彼らが東洋から学んだ東洋医学の知識とミックスされました。そして11世紀にアラビアの医者アビセンナがその集大成を本に著して逆に西洋に伝えるようになったのです。こうしてアラビアの商人たちは、品物だけでなくまさに知識までも東から西へと運んだのでした。

　薬効の知識とともに西洋にもちこまれたスパイスは、今でこそすたれてしまったものの、当時は医学的にもたいへん重宝されました。もともと抗菌作用などが認められ、食品に香りや味を加えるとともに保存にも大いに利用されたのですから、その作用を薬学に応用しようと考えたのも無理のないことでした。ペパーなどのスパイス商人がそのまま薬剤師になってしまうこともまれではなかったのです。ヨーロッパは古くからたびたびペストなどの深刻な伝染病に悩まされましたが、これは空気が不潔であるためと考えられ、スパイスに空気をきれいにする作用があると思われてもてはやされるようになっていきました。ブレンドして作ったにおい玉（ポマンダー）や、小袋に入れたにおい袋を、防臭のためだけでなく病気予防のために絶えず身につけるのが流行しました。

　こうした伝染病予防のほかに、当時スパイスはヘビの噛み傷の解毒や夜尿症、生理不順、弱視、痔疾、黄疸、消化不良、糖尿病、偏頭痛、不眠症、精力減退など実にさまざまな症状に処方されていました。これらの症状のなかには、現在もスパイスの効果が認められているものもあります。また、マスタードやカイエンペパーなどのように体をポッポと温める作用があるものは風邪や循環器系統の疾患、筋肉痛や肩こりなどに処方されました。古代ギリシャでは、肺の疾患にはマスタードの湿布を胸に貼って肌を温めれば、肺が広がって呼吸が楽になると信じられていました。実際長いこと湿布をしておくと肌がやけど状態になるほどです。また粉末のマスタードを湯船に入れたマスタード湯につかり、足の筋肉痛をやわらげたり、風邪の治療などにも利用したといいます。

　一方、チリにはカプサイシンという物質が含まれていて血中に入ると血液循環を高める作用があるとされています。血液循環がよくなれば筋肉のこりもほぐれるので、昔から筋肉用の塗り薬にチリが処方されてきました。霜やけや神経痛、腰痛などの薬にカイエンペパーが使われていたこともわかっています。

　そのほかに体を温める作用で知られるものにはショウガがあります。中国ではその薬効がはるか昔から認められていて、長い航海に出るようなときには鉢植えのショウガをもちこんで少しずつ食べ、壊血病を予防したともいいます。現在の中国を中心とした東洋医学でも、風邪や咳、腎臓の疾患、二日酔いなどの薬にショウガが広く処方されています。日本でも風邪をひいたりするとショウガ湯を飲んで体を温める民間療法が昔からよく知られていました。ヨーロッパでもさまざまな薬効があるとされて盛んに使われていた時代がありました。最近の研究では血液循環に刺激を与える作用、また脂肪の多い食べ物の消化を助ける作用、さらに乗り物酔いなどを防ぐ効果がショウガに認められ、薬用としての利用があらためて見直されてきています。昔からの生活の知恵から現代人が学べるものは決して少なくはないといえるでしょう。

　スパイスには消化を助ける作用があることは古くから知られていました。古代ローマでも宴会で濃厚な料理をたっぷりと食べた最後にデザートとしてスパイスケーキを出し、消化に役立てるのが常識でしたし、現在でもインド料理などでは食事の最後にアニスやフェンネル、キャラウェイ、ディルなどをたっぷり入れた料理が出されます。その

**ポピー**　種をスパイスとして利用する。未熟のさやからとれるねばねばした液からは鎮静剤のモルヒネやコデインが作られる

**クローブ**　防腐・鎮静作用がある。昔から歯痛や吐き気を抑えるのに利用されてきた

**チリ**　血液の循環をよくするカプサイシンという成分を含み、強力な抗菌作用もある

ほかにアジョワンやカシア，セロリシード，チリ，クミン，フェネグリーク，ジンジャー，マスタード，ペパーなどにも消化を助ける作用が認められています。ディルウォーターなどは今も赤ちゃんのしゃっくりが止まらなかったり，おなかの痛みを訴えたりしたときに飲ませています。

最近の研究では，シナモンに細菌やカビの繁殖を防ぐ作用があることがわかりました。シナモンは古代エジプトでミイラを作るときに使われていましたので，古代エジプト人たちはこうした効果を漠然と知っていたのではないかと思われます。このような抗菌作用はアニスにもあり，現在ではほとんど咳止めの薬の香料や腹痛の薬に処方されています。また，クローブも防腐作用のあるスパイスで，緩効性の麻酔効果もあるので，昔からホールで噛んだり歯ぐきにすりこんだりして歯痛をやわらげるのに利用されていました。また熱い湯でせんじてクローブティーにして飲めば，吐き気をおさまらせたり，消化不良などにも効果があります。

このようにスパイスははるかな昔から，香りや味を楽しむためだけでなく，薬としての効果が認められ，さまざまに利用されていました。こうした効果もスパイスをより神格化させるに充分な理由となったのです。

## 精油

芳香性の植物から抽出される芳香のある揮発性の精油は，古代から病気の治療のほかに香水やお香，防腐剤として幅広く利用されてきました。7～11世紀のイスラム帝国時代に，アラブの科学者が蒸留法を完成し，植物から効率よく精油を抽出できるようになりました。当初はシナモンやクローブなどで試され，またバラから抽出した精油は高価格で取り引きされました。この蒸留の方法は十字軍やその従者たちによってヨーロッパに伝えられ，14世紀には薬剤師の団体であるギルドも設立され，このギルドで精油のほかに軟膏や抽出液なども売りだしていました。

今日ではスパイスの生産国，輸入国の多くが精油の生産を行なっていますが，この蒸留には大量の良質な原料が必要になるうえに時間もかかり，設備も大がかりなものとなります。このためどうしても精油は高価なものとなってしまいますので，最近では化学的に精油の成分を合成する方法も盛んに研究されています。ただし，こうして合成されたものには芳香は再現されていますが，天然の精油にあるような薬効成分は含まれていません。このために合成した精油は薬用にはされず，もっぱら化粧品や加工食品などの香料として利用されています。

天然のスパイスからとれた精油はアロマテラピーでの活躍も目立っています。病気に対する体の自然抵抗力，自然治癒力を高めようとした昔ながらの治療法を見直し，科学的に研究して現代に応用しようとするものです。マッサージや入浴などに利用したり吸引したりされ，種類によって鎮静作用や刺激作用なども認められています。スパイスからとる精油のなかでは，シナモンやジュニパー，クローブなどが重要視されています。

精油は品質が安定し，細菌の発生やカビの心配もないので，輸送におけるメリットも多く，スパイスの香りと効果を工業的に利用するには理想的な形です。今後このような形での輸出入がますます増えると考えられます。

昔のヨーロッパの薬屋
ハーブやスパイスをいろいろな割合で調合してすりつぶし，さまざまな病気の薬にした

# 保存と下ごしらえ

## スパイスを選ぶ

　スパイスは種や実，根茎，葉などいろいろな部分が，生のままあるいは乾燥して売られています。またホールと称するそのままの姿のものから粗くくだいたものや粉末まで，さらにほかのスパイスとブレンドしたものなど実にさまざまな形で売られていて，どんな状態のものを買ったらいいかしばしば迷ってしまいます。乾燥したものはできればホールで買った方が香りが長もちします。使う時に砕いたり粉にする手間さえ惜しまなければ，スパイスの香りや味をぐんと生かすことができるのです。ペパーミルやすり鉢，フードプロセッサなど，家庭にあるもので工夫すればたいした作業ではありません。また，信用できるメーカーのものならいいのですが，輸入品の粉末スパイスにはまれに混ぜものがされている場合があるので自分で粉にした方が安心です。買う時のチェックポイントは色があざやかなこと，香りも確かめられるなら異臭がしないかどうかも確認します。実やさやで売られているものは割れていたり傷やしわがないか，中が空洞になっていないかなどをチェックしましょう。袋入りのホールの種などは，粉やゴミが混ざっていないものを選ぶようにします。ガランガルやショウガ，レモングラスなどは乾燥したものよりも生の方がずっと香りがよくさわやかなので，できるだけ生のものを使いたいものです。

## スパイスを保存する

**生のスパイス**：レモングラスや，スクリューパイン，カレーリーフ，カフィルライムの葉などの生のものが手に入ったら，冷蔵庫の野菜室の中に入れておけば1週間ほどはもちます。葉の類はできればぴったりと口の閉まるビニール袋に入れ，少し水気と空気を入れてから冷蔵庫に保存します。柔らかくて腐りやすい葉なら湿った新聞紙やキッチンペーパーなどに包んでからビニールに入れるといいでしょう。また，冷凍にすれば6週間ほどは保存できます。

　ガランガルやショウガ，チリなどは冷蔵庫で数週間もちますが，ガランガルとショウガは腐りやすいのでキッチンペーパーなどでくるんでおくといいでしょう。また，ショウガは皮をむいてシェリー酒や酢などに漬けて保存する方法もあります。

**乾燥したスパイス**：乾燥したスパイス類の保存の基本は，密封瓶に入れておくことです。直射日光や熱，湿気などによって質が落ちますので，乾燥した冷暗所で保存することも大切です。正しい保存のしかたを守ればホールのもので数カ月から1年はもちます。粉末の場合は数カ月もすると色がさめて味も落ちてきます。買ってから相当月日が経ってしまったようなものは香りをかいで，異臭がしないか，芳香が失われていないかなどをよく確かめましょう。香辛料会社の小瓶入りのものなら，表示された賞味期限をよく守って使うことが大切です。

**そのほかのスパイス**：マスタードは練り上げたものも粉末のものも最高1年くらいまで保存できます。乾燥したタマリンドやバニラのさやなどは数年ももちます。

## スパイスの下ごしらえ

　生の材料が手に入ったときやホールのものを購入した場合，そして自分なりのブレンドをするときなどは，料理に加える前に下ごしらえが必要になります。各スパイスの詳しい説明は2章に述べましたが，ここではこの本で使っている基本的なテクニックを紹介します。

**すりつぶす**：ホールのスパイスを使用直前に砕いたりすりつぶしたりして使うと，粉末で市販されているものよりもずっと香りと味が引き立ちます。ドライジンジャーやメース，ターメリック，カシア，シナモンなどを除けば比較的簡単にすりつぶすことができますので，スパイスを本当に楽しみたいならこの方法をおすすめします。インドではまん中がへこんだ大きな石と長いすりこぎを使ってすりつぶしていますが，私たちはすり鉢とすりこぎを使うと手軽で，ニンニクや生のチリなど大きくて水分のあるものも確実にすりつぶすことができます。また，ペパーやオールスパイス，コリアンダー，フェネグリークなど，乾燥した小さな種や実の類は，ペパーミルを使うと簡単に粉末にでき，コーヒーミルなども利用できます。ペーストやピューレを作る場合などはフードプロセッサやミキサーなどを使うと便利です。

**たたく**：ドライジンジャーやジュニパーベリー，カルダモンのさやなどはすりつぶして粉末にするより，たたいて粗く砕いた方が風味が引き立ちます。すり鉢に入れてすりこぎで軽くたたくといいでしょう。

**煎る**：コリアンダー，クミン，サンショウ，フェネグリーク，マスタード，ニゲラ，ポピー，ゴマなどのホールの実や種の類は，煎ってから使うとぐんと香ばしくなります。インド料理ではほとんどのスパイスを煎ってから使っているほどです。よく乾いた厚手のフライパンを2〜3分熱してホールのままのスパイスを入れ，焦げつかないようによくかき混ぜながら中火で煎ります。5分ほどして香ばしい香りがし，こんがりと色がついてきたら火を止めます。すぐに乾いた器に移し，すりつぶす場合は充分に冷めてからにします。

## 特殊な材料の下ごしらえ

　材料によっては特別な下ごしらえを必要とするものもあります。また，スパイスとは違いますが，民族料理に欠かせないその国独特の材料や調味料もあり，これらもまた下ごしらえが必要な場合があります。ここではそうした特殊な下ごしらえについて説明します。

**ニンニク**：アジア諸国のミックススパイスの多くには，砕いたニンニクがたっぷりと入っています。まな板の上に乗せ，包丁を寝せて上から圧迫すれば簡単に砕くことができ，皮もすぐに取れます。すりこぎなどを使ってもいいでしょう。もっと細かくしたい場合は塩少々を加えすりつぶしてもいいですし，みじん切りにしてもいいでしょう。

**ココナツミルク**：インドネシアの料理には欠かせない材料で，ココナツの実からとれる胚乳の部分です。輸入食材店などで，缶入りのものやフレークなどが手に入ります。白い固形のクリームココナツを使う場合は，熱湯1カップ（200mℓ）に対して30〜85gの割合で溶かしてから料理に加えます。できあがったミルクは冷蔵庫で24時間保存できますが，分離してしまった場合もよくかき混ぜて使えば大丈夫です。また，料理に加えて煮る場合は，凝固してしまうことがありますので，必ずふたをとって煮るように注意しましょう。

**ショウガ**：生のショウガは皮をむき，薄切りやみんじん切りにしたり，すりおろして料理に加えます。

**チリ**：チリはたいへん刺激的なので，取り扱いには充分に注意しましょう。手がかぶれたり，また，チリを触った手で誤って目などをこするとたいへんしみます。多量に扱う場合や皮膚の敏感な人などは薄手のゴム手袋をするのもひとつの方法です。種を取り除く場合は刻む前に行なった方が効率的です。生のチリは半分に切り，乾燥したものはへたを落として包丁の先やハサミでかき出すようにします。

**トラッシ**：エビを発酵させて作る堅いペーストで肉のエキスのようなピリッとした独特の香りがあります。東南アジアの国々で広く使われていて，東南アジアの食材を扱う店などにパック詰めで売られていますが，マレーシア語のブラチャンという名で置かれていることもあります。使用前にアルミホイルに包み，こんがりと色がつくまで焼き網などで焼くか，180℃に熱しておいたオーブンで数分加熱します。

**ブラックソルト**：インドの食品を扱う店においてある，あまり塩味の強くない芳香のある調味料です。手に入らない場合は普通の塩を量をひかえめに使うことで代用できます。

## スパイスのいろいろな名前

　スパイスのなかでもあまりポピュラーでないものは，エスニック料理の食材を扱う店や，各国の専門店でしか手に入らない場合もあります。このようなものは世界共通の名があるとは限らないので，右の表の地域別の呼び名を参考に探してみて下さい。東南アジアについては，インドネシアはＩ，マレーシアはＭ，タイはＴと表示してあります。

• 保存と下ごしらえ，各国の呼称 •

| 欧米名 | 和名 | インド名 | 中国名 | 東南アジア名 |
|---|---|---|---|---|
| アサフェティダ ジャイアントフェンネル | 阿魏(アギ) | ヒング | | |
| アジョワン | | アジュワイン，カロム ロヴァージュ | | |
| アニス | | サウンフ | ヤンコク | ジンタンマニス(M) |
| ガーリック | 大蒜(ニンニク) | | | |
| カシア チャイニーズシナモン | 肉桂(ニッケイ，ニッキ) 桂皮(ケイヒ) | ナゲサール | | |
| チリ カイエンペパー | 唐辛子(トウガラシ) 鷹の爪(タカノツメ) 赤唐辛子(アカトウガラシ) | ラルミルチ | | ピシフイ(T) |
| カフィルライム | | | | ダウンジェルクブルット(I) バイマクルット(T) |
| カルダモン | | エライチ | ウォクロクワ | カプラガ(I)，プアペラガ(M) クラヴァン(T) |
| カレーリーフ | | カリパッタ | | ダウンカリ(I)，ダウンカリ プラ(M)，バイカレー(T) |
| キャラウェイ | | カラジェーラ，シアジェーラ | | |
| クミン ブラックキャラウェイ | | ジェーラ | | ジンテン(I)，ジンテンプチ (M)，イェーラー(T) |
| グレイターガランガル | 大ガランガル | | | ラオス(I)，カー(T) レンクアス(M) |
| クローブ | 丁子(チョウジ) 百里香(ヒャクリコウ) | | | |
| コリアンダー コエンドロ シアントロー(葉) | 中国パセリ(葉) | ダニア | 香菜(シャンツァイ)(葉) | ケチュンバル(I，M) パクチメット(T) |
| サフラン | 番香花(バンコウカ) | ケサール | | クニットケリング(M) |
| シナモン | 肉桂(ニッケイ，ニッキ) 桂皮(ケイヒ) | | 桂皮(ゴエィピィ) | |
| ジュニパー | 西洋柏欄(セイヨウビャクシ ン)，洋種柏松(ヨウシュネズ) | | | |
| ジンジャー | 生姜(ショウガ) | | | |
| スーマック | 漆(ウルシ) | | | |
| スクリューパイン | | ランペ | | ダウンパンダン(I) バイトエイホム(T) |
| スターアニス | 八角(ハッカク) 大茴香(オオウイキョウ) | | 八角(パーヂャオ) 大料(ターリャオ) 大茴香(タイウイキョウ) | ブンガラワング(I，M) ポイコクブア(T) |
| セサミ | 胡麻(ゴマ) | ティル | 胡麻(チーマ) | ビジャン(M)，デーラ(T) |
| ゼドアリー | 莪朮(ガジュツ) | カチュール，ガンドムル アムハラッド | | ケンジュール(I) |
| ターメリック | 鬱金(ウコン) | ハルディ | ウォンゲウン | クンジット(I，M) カミン(T) |
| タマリンド インディアンデート | | イムリ | | アサム(I)，マクカム(T) アサムジャヴァ(M) |
| チュバブ，クベバ | ジャワコショウ | | | ジャベジャワ(I) |
| ディル | | サワ | | アダスチナ(I) |
| ナツメグ | 肉豆(ニクズク) | ジャイフル | | |
| ニゲラ | | カラジェーラ カロンジー，ナイジュラ | | |
| パプリカ | 甘唐辛子(アマトウガラシ) | | | |
| パラダイスグレイン，ギニア グレイン，ギニアペパー メレゲタペパー | | | | |
| ファガラ，四川ペパー アニスペパー チャイニーズペパー | 山椒(サンショウ)，朝倉山椒 (アサクラサンショウ) 木の芽(若葉) | | 花椒(ホアヂャオ) | |
| フェネグリーク | コロハ | メティ | | |
| フェンネル | 茴香(ウイキョウ) | サウンフ | ウィヘン | アダス(I，M) |
| ブラッククミン | | カラジェーラ | | |
| ベイリーフ ローレル，ローリエ | 月桂樹(ゲッケイジュ) | | | |
| ペパー | 胡椒(コショウ) | | 胡椒(フゥヂャオ) | |
| ポピー | 芥子，罌粟(ケシ) | カスカス | | カスカス(M) |
| ポメグラネート | 石榴，柘榴，若榴(ザクロ) | アナーダーナ | | |
| マスタード | 芥子，辛子(カラシ) | ライ | 芥末(ヂェモ) | ビジサウィ(M) モスタール(I) |
| マンゴーパウダー | | アムチュール | | |
| メース | | | | ブンガパラ(M) ダウクチャンド(T) |
| レッサーガランガル | 小ガランガル | | サレンゲン | ケンチュール(I) |
| レモングラス | | | | スレイ(I，M)，タクライ(T) |

M=マレーシア　T=タイ　I=インドネシア

# 索引

## ・ア・

赤トウガラシ　28 70 74 75 76 77 78
　　　　　80 82 88 89 90 91 92 93 94
　　　　　108 121 124 125 133 145 155
アギ　41 155
アクアコンポジータ　148
朝倉山椒　61 155
アサフェティダ　7 41 82 83 86
　　　　　133 143 155
アサム　155
アサムジャヴァ　155
アジョワン　58 84 86 92 93
　　　　　113 116 153 155
アジュワイン　58 155
アダス　155
アダスチナ　155
アナーダナ　67 155
アニス　6 7 10 12 16 17 51 109
　　　113 116 119 138 139 140
　　　148 149 152 153 155
アニスウォーター　51
アニスキャンディー　51
アニスショートブレッド　140
アニスペパー　61 155
アフェリア　122
甘唐辛子　155
アムチュール　65 155
アムハラッド　155
アメリカンピクルス　142
アメリカンマスタード　24
アラブブレッド　138
安息香　149
アンチョ　26

## ・イ・

イェーラー　155
一味唐辛子　70
イムリ　155
イングリッシュマスタード　24
インターナショナル・スパイス・グループ　17
インターナショナル・ペパー・コミュニティ　17
インディアンディル　21
インディアンデート　57 155
インドネシアの醤油ソース　122 142

## ・ウ・

ウイキョウ　42 155
ウィヘン　155
ウーラットダル　82
ウォクロクワ　155
魚料理のシーズニング　109
ウォンゲウン　155
ウコン　35 155
ウルシ　55 155

## ・エ・

エライチ　155

## ・オ・

オオウイキョウ　155
オールスパイス　6 7 15 17 44 48 50
　　　　　54 92 96 100 102 103 106
　　　　　109 114 120 125 126 127 129
　　　　　130 143 144 145 149 154
オレオレジン　16 17
オレガノ　48 104 105
オレンジ　40 136 137 149
オレンジフラワーウォーター　136 137
　　　　　140

## ・カ・

カー　45 155
ガーリック　12 59 155
カイエンペパー　16 26 27 86 88 89
　　　　　100 101 102 104 106 114 115

　　　　　120 128 130 142 152 155
カシア　7 16 17 30 43 72 73 90 96
　　　113 128 144 145 152 155
カシミールマサラ　84
ガジュツ　36 155
花椒塩　61 72 73
カスカス　155
カスカベル　26
カチュール　155
ガドガド　134 142
カニのボイルのシーズニング　109
カフィルライム　64 75 112 124
　　　　　127 142 154 155
カプサイシン　26 152
カプラガ　155
カミン　155
カラシ　23 70 155
カラジェーラ　34 48 155
ガラダッカ　109
ガラムマサラ　34 39 40 80 84
　　　　　85 114 122 143
ガランガル　7 12 45 64 74 75 78
　　　　　79 96 112 116 122
　　　　　124 132 148 154 155
カリパッタ　155
カリビアンジンジャーエール　145
　　　　　115 122 131 132
カルダモン　7 10 12 16 17 20 38 39
　　　　　45 72 84 85 88 90 92 96 119
　　　　　120 121 122 128 132 137
　　　　　140 145 152 154 155
カルダモンコーヒー　38 39
カレーパウダー　17 27 32 34 35 39 48 59
　　　　　80 81 88 108 109 133
カレーペースト　45 78 79
カレーリーフ　65 80 81 88 89 108 120
　　　　　122 128 142 154 155
カロム　58 155
カロンジー　48 155
カンゾウ　7 12 43 51 72 73
ガンドムル　155

## ・キ・

ギニアグレイン　20 155
ギニアペパー　20 155
木の芽　61 155
キャトルエピス　100
キャラウェイ　6 7 10 12 17 21 29 34 51
　　　　　58 90 94 95 126 131 138
　　　　　139 148 149 152 153 155
キューアウォーター　66
魚醤　76 108 112 113 118 120

## ・ク・

グインディラ　27
グジェラティマサラ　84
クスクス　115
クニットケリング　155
クベバ　54 155
クミン　6 7 11 12 16 17 29 34 48
　　　　　51 58 78 80 82 83 84 85
　　　　　86 88 89 90 94 104 105 106
　　　　　107 108 109 112 113 115 116 128 130
　　　　　131 134 138 142 153 154 155
クラヴァン　155
クリームココナツ　75 112 116 120 122
　　　　　124 127 134 142 154
グリーンカルダモン　38 39 84 85 88
　　　　　90 92 122 137
グリーンカレーペースト　78
グリーンチリ　26 27 78 87 108
　　　　　112 116 133 143
グリーンペパー　53 116 125
グリーンマサラ　87
グレイターガランガル　155
クレテック　17 40
クローブ　6 7 11 12 14 16 17 40

　　　43 50 72 73 80 84 85 88 90 91 92
　　　96 98 99 100 102 103 106 109
　　　109 113 119 128 133 139 140 143
　　　144 145 148 149 150 152 153 155
クローブオレンジ（クローブポマンダー）
　　　　　40 148 149 150
クローブの強心酒　145
クンジット　155

## ・ケ・

ケイジャンシーズニング　104 105
ケイヒ　30 155
ケール　136
ケサール　155
ケシ→ポピー
ケチュンバル　155
月桂樹　155
ケンジュール　45 155
ケンチュール　45 155
ケンフェリアガランガル　45 64

## ・コ・

桂皮（ゴエィピィ）　155
コエンドロ　32 155
五香粉　30 43 61 72 73
　　　　　115 122 131 132
ココナツミルク　75 113 116 120 122 124
　　　　　127 134 142 154
コショウ　52 155
コショウボク　53
コデイン　49 152
ゴマ　16 56 70 71 84 96 109 121 129
　　　131 134 138 140 152 154 155
ゴマ油　56 115 118 129 131 154
ゴマ塩　70 71
コリアンダー　6 7 12 16 17 29 32 48
　　　76 78 79 80 81 82 84 85 87 88
　　　89 90 91 92 93 94 95 100 101 102
　　　103 106 108 109 112 113 114 115
　　　116 118 120 122 124 127 128
　　　129 130 137 142 143 148 154 155
コロハ　59 74
コロンボパウダー　88 89

## ・サ・

ザーター　55 96 138
サウンフ　155
ザグ　90
ザクロ　67 86 119 133 155
砂糖漬け　144
サフラワー　33 131 140
サフラン　7 12 17 33 35 90 98 99 112
　　　115 116 120 125 128 136 139 140 155
サフランバンズ　33
サフランブレッド　139
サルサコマン　98
サレンゲン　155
サワ　155
サンショウ　43 61 70 71 72 73
　　　　　119 129 134 154 155
サンショウ塩　61
サンバル　28 74 75 94
サンバルアセム　108
サンバルウラック　74 112 142
サンバルケミリ　108
サンバルトラッシ　108
サンバルパウダー　59 82
サンバルバジャック　74 75

## ・シ・

シアジェーラ　34 155
シアントロー　155
ジェーラ　34 155
四川ペパー　61 155
七味唐辛子　70 124
シナモン　6 7 12 13 16 17 30 31 36

　　　　　43 50 72 73 80 84 85 88 90 91 92
　　　　　96 98 99 100 102 103 106 109
　　　　　109 113 119 128 133 139 140 143
　　　　　144 145 148 149 150 152 153 155
ジャーマンマスタード　24
ジャイアントフェンネル　41 155
ジャイフル　155
ジャコウ　148 149
ジャベジャワ　155
ジャマイカペパー　50
シャミカバブ　114
ジャワコショウ　54 155
シャンサックマスタード　25
香菜（シャンツァイ）　155
シャンパーニュマスタード　25
ジュニパー　6 17 44 106 114 125
　　　　　130 138 153 154 155
ジュニパースパイス　106
ショウガ　28 62 70 87 106 107 115
　　　　　116 118 119 121 122 127
　　　　　128 131 145 148 154 155
小ガランガル　45 64 155
ジン　44
ジンジャー　6 7 11 12 15 16 17 35
　　　　　36 45 62 63 74 90
　　　　　98 108 133 152 153 155
ジンタンマニス　155
ジンテン　155
ジンテンプチ　155

## ・ス・

スウェディッシュビター　36
スーマック　55 96 120 127 155
スカッピのスパイスミックス　98 99
スクリューパイン　66 154 155
スターアニス　6 7 17 43 72 115
　　　　　118 143 155
スパイスアイラン　145
スパイスティー　50 145
スリランカのカレーパウダー　88
スレイ　37 155

## ・セ・

セイジ　12 104 148
精油　6 17 21 22 23 29 30 31
　　　32 34 36 37 39 40 42 43 44
　　　47 50 51 53 54 58 148 153
セイヨウビャクシン　44 155
セサミ　56 155
ゼドアリー　7 36 116 155
セビッシュ　113
セメン　59
セラノ　26
セリ　7 12 58 59
セロリ　12 22 59 112 113 115
　　　　　119 126 134
セロリアック　22
セロリシード　22 106 107 130
　　　　　133 138 143 153
セロリソルト　22

## ・タ・

ターメリック　11 17 35 36 74 80 81 82
　　　　　83 84 88 96 108 109 113
　　　　　116 122 124 128 143 155
大料（ターリャオ）　155
大茴香（タイウイキョウ）　155
大ガランガル　45 155
タイのカレーペースト　78
タイのフィッシュスープ　112
タイム　7 48 58 96 100 101 104
　　　　　105 106 109 125 126 148
ダウンカリ　155
ダウンカリプラ　155
ダウンジェルクプルット　155
ダウクチャンド　155

## ・索 引・

| | | |
|---|---|---|
| ダウンパンダン 155 | ナムプラー 76 108 112 113 118 120 | ファガラ 61 155 |
| 鷹の爪 155 | ナムプリ 76 77 108 | ブアペラガ 155 |
| タクライ 155 | ナン 48 | ファラフェル 130 |
| ダッカ 96 109 | ・ニ・ | ブーケガルニ 114 |
| タドカ 128 | ニオイアヤメ 148 149 | 胡椒（フゥヂァオ） 155 |
| ダニア 155 | におい玉 150 | フェネグリーク 6 12 59 80 82 83 84 |
| タバスコソース 7 28 | におい袋 148 149 150 152 | 88 89 92 93 109 113 116 119 |
| タヒーナ 56 67 129 | ニクズク 46 155 | 120 130 143 153 154 155 |
| タビル 94 95 115 | ニゲラ 12 48 82 83 96 127 | フェンネル 6 7 12 25 42 43 51 72 82 |
| タマリンド 57 75 76 108 120 | 西インドのカレーパウダー 109 | 83 84 88 104 106 121 126 |
| 124 134 154 155 | ニッキ，ニッケイ 30 31 155 | 131 132 133 139 143 148 152 155 |
| タマリンドウォーター 57 75 | ニョクマム 76 108 112 113 118 120 | フェンネルスパイス 106 |
| タマリンドペースト 124 | ニンニク 7 29 56 63 75 76 77 78 | ブディングスパイス 103 |
| タラゴン 24 116 134 | 79 87 88 89 90 94 95 104 105 | ブラウンカルダモン 38 |
| ダル 82 128 | 106 107 108 113 114 116 118 119 121 | ブラウンマスタード 23 24 |
| 担々麺 121 | 122 124 125 126 127 128 129 130 | ブラチャン 74 154 |
| ・チ・ | 131 132 134 142 143 154 155 | ブラックカルダモン 84 108 |
| 胡麻（チーマ） 155 | ・ノ・ | ブラックキャラウェイ 34 155 |
| 芥末（チェモ） 155 | ノワゼット 125 | ブラッククミン 34 48 84 114 119 155 |
| チキンサテー 122 | ・ハ・ | ブラックソルト 86 154 |
| チャーマサラ 108 | バーズアイチリ 27 102 | ブラックマスタード 23 109 |
| チャイニーズシナモン 30 155 | 八角（パーチャオ） 155 | フラワーペパー 61 |
| チャイニーズペパー 61 155 | ハーブマスタード 25 | ブリ 76 |
| チャイブ 115 134 | バーベキュースパイス 106 | ブレンドマスタード 24 25 35 |
| チャクチュカ 132 | バーベナ 148 149 | フローラルポプリ 149 151 |
| チャットマサラ 86 87 114 | バイカレー 155 | ブンガパラ 155 |
| チャツネ 65 144 | バイトエイホム 155 | ブンガラワング 155 |
| チャナダル 82 | バイマクルット 155 | ・ヘ・ |
| 中国パセリ 155 | パクチメット 155 | ベイリーフ 155 |
| チュニジアの五香スパイス 20 109 | 葉ショウガ 63 | 紅ショウガ 63 119 |
| チュバブ 7 12 54 90 96 155 | バジル 104 134 | ベニバナ 33 |
| チュレック 138 | パスティス 42 43 | ペパー 6 7 10 11 12 14 15 16 17 20 |
| チョウジ 40 155 | パセリ 113 120 126 127 130 134 142 | 29 35 36 38 44 45 48 50 52 53 54 61 78 |
| チョコレートマカルーン 140 | ハッカク 43 72 73 155 | 80 82 83 84 86 87 90 92 93 96 98 100 102 |
| チリ 6 7 15 16 17 26 27 28 59 74 | バナナブレッド 139 | 103 104 106 107 108 109 113 114 116 |
| 76 84 90 92 102 103 104 | ハニーマスタード 25 | 118 120 121 124 125 126 128 129 |
| 152 153 154 155 | バニラ 6 7 15 16 17 60 | 134 140 143 152 153 154 155 |
| チリウォッカ 145 | 137 138 139 140 148 154 | ペパーソース 27 28 |
| チリオイル 27 28 | バニラシュガー 60 137 138 | ペパーミル 52 154 |
| チリセコ 26 | ハバネロチリ 27 | ペルノー 51 |
| チリソース 94 118 129 | バハラット 90 91 | ベルベレ 59 92 93 109 |
| チリパウダー 28 90 112 113 114 116 | パプリカ 16 17 28 90 91 104 | ベンジャミン 149 |
| 134 142 143 | 105 106 107 115 120 121 | ・ホ・ |
| チリフレーク 28 94 95 | 125 129 130 131 133 144 155 | 花椒（ホアヂァオ） 61 155 |
| チリペースト 28 | パプリカスパイス 106 107 | ポイコクブア 155 |
| チリンドロン 125 | バラ 84 96 148 149 | ポークサテー 122 |
| 陳皮 70 148 | パラサ 155 | ホール 154 |
| ・ツ・ | パラダイスグレイン 7 12 20 96 | ボジョレマスタード 25 |
| 粒入りマスタード 25 | 98 109 124 148 155 | ポットシュリンプ 114 |
| ・テ・ | ハリッサ 94 95 115 132 | ホットマサラ 80 |
| ディジョンマスタード 24 118 126 | パルシダンサックマサラ 84 | ポピー（ケシ） 6 7 12 48 49 56 70 133 |
| ティル 155 | ハルディ 155 | 137 138 152 154 155 |
| ディル 6 10 12 21 51 109 114 | ハルバ 56 | ポプリ 148 149 150 151 |
| 130 132 152 153 155 | パンコウカ 155 | ポマンダー 149 150 152 |
| ディルウィード 21 132 | パンチフォロン 34 48 82 83 | ポメグラネート 67 86 133 155 |
| デーラ 155 | ・ピ・ | ボルドーマスタード 24 |
| ・ト・ | ピーナツソース 122 142 | ホワイトカルダモン 38 |
| トウガラシ 26 70 155 | ピクリングスパイス 50 102 103 | ホワイトマスタード 23 24 |
| トウガラシ粉 70 | ピクルス 7 21 23 27 32 34 41 42 | ボンベイミックス 58 |
| ドライジンジャー 36 62 63 72 73 80 | 50 53 58 59 63 65 142 143 | ・マ・ |
| 81 86 92 96 98 100 102 109 113 | ビジサウィ 155 | マーラブ 66 138 |
| 140 142 143 144 145 154 | ピシフイ 155 | マクカム 155 |
| ドライストリップ 37 | ビジャン 155 | マサラ 48 80 84 85 86 87 92 |
| トラッシ 74 75 76 78 79 108 | ピメントドラム 50 | マジョラム 7 44 100 101 106 149 |
| 126 134 142 154 | ヒャクリコウ 155 | マスタード 6 7 10 12 16 23 24 25 59 |
| ・ナ・ | ピューレ 131 | 80 81 82 83 84 88 89 102 104 105 |
| ナイジュラ 155 | ヒング 41 155 | 106 108 109 114 116 125 128 132 |
| ナゲサール 155 | ピンクペパー 53 | 133 134 143 148 152 153 154 155 |
| ナツメグ 6 7 11 12 13 14 15 16 17 | ・フ・ | 松の実 118 133 140 |
| 46 47 50 84 90 91 98 99 100 101 | | マドラスのカレーパウダー 108 |
| 103 109 127 136 144 148 149 155 | | マラバルライス 129 |
| | | マンゴー（パウダー） 65 86 116 155 |

| | | |
|---|---|---|
| ・ミ・ | | |
| ミックスペパー 53 | | |
| ミント 7 12 86 94 95 109 | | |
| 119 127 133 148 149 | | |
| ・ム・ | | |
| ムガールマサラ 84 | | |
| 虫よけのにおい袋 149 150 | | |
| ・メ・ | | |
| メース 7 12 13 14 15 17 46 47 50 | | |
| 84 96 100 102 103 112 114 | | |
| 119 121 122 127 144 149 155 | | |
| メキシカンコーヒー 145 | | |
| メティ 59 155 | | |
| メランジュクラシック 100 101 | | |
| メレグエタペパー 20 155 | | |
| ・モ・ | | |
| モスタール 155 | | |
| モルヒネ 49 152 | | |
| モロン 27 | | |
| ・ヤ・ | | |
| ヤンコク 155 | | |
| ・ヨ・ | | |
| ヨウシュネズ 44 155 | | |
| ・ラ・ | | |
| ラー油 28 | | |
| ライ 155 | | |
| ラオス 45 155 | | |
| ラセラヌー 20 34 54 96 97 120 131 | | |
| ラベンダー 96 148 149 | | |
| ラムコフタ 120 | | |
| ラムのモロツィーヤ 120 | | |
| ラルミルチ 155 | | |
| ランペ 155 | | |
| ・リ・ | | |
| リンパブレッド 139 | | |
| ・レ・ | | |
| レッドカレーペースト 78 79 120 | | |
| レッドチリ 27 83 155 | | |
| レッドペパー 28 90 91 118 120 125 142 | | |
| レッドホットソース 28 | | |
| レッドマスタード 25 | | |
| レッサーガランガル 155 | | |
| レモングラス 37 64 74 76 78 79 112 | | |
| 113 116 122 124 | | |
| 127 134 142 154 155 | | |
| レンクアス 45 155 | | |
| ・ロ・ | | |
| ロヴァージュ 58 155 | | |
| ローストナムプリ 76 77 | | |
| ローズウォーター 128 136 | | |
| ローズマリー 12 44 100 101 148 149 | | |
| ロードのポプリ 149 151 | | |
| ローリエ 155 | | |
| ローレル 84 100 101 106 109 | | |
| 122 124 125 126 | | |
| 128 143 149 155 | | |
| ロメスコソース 142 | | |
| ロメスコペパー 142 | | |
| ロングナツメグ 109 | | |
| ロングペパー 7 52 53 96 109 143 | | |
| ロンボク 27 74 | | |
| ・ワ・ | | |
| 和辛子 23 | | |
| ワサビ 67 70 | | |
| ワットスパイス 109 | | |

# スパイスの買える店

東　北 ● 明治屋仙台一番町ストアー……………022-222-8111　宮城県仙台市青葉区一番町1-2-25　仙台NSビル1F

東　京 ● 明治屋京橋ストアー…………………… 03-3271-1134　東京都中央区京橋2-2-8
　　　　　明治屋広尾ストアー…………………… 03-3444-6221　東京都渋谷区広尾5-6-6　広尾プラザ1F
　　　　　明治屋六本木ストアー………………… 03-3401-8511　東京都港区六本木7-15-14　塩業会館ビル1F
　　　　　明治屋玉川ストアー…………………… 03-3709-2191　東京都世田谷区玉川3-17-1　玉川高島屋ショッピングセンター B1F
　　　　　紀ノ国屋インターナショナル………… 03-3409-1231　東京都港区北青山3-11-7　AoビルB1F
　　　　　紀ノ国屋等々力店……………………… 03-3704-7515　東京都世田谷区等々力7-18-1
　　　　　紀ノ国屋吉祥寺店……………………… 0422-21-7779　東京都武蔵野市吉祥寺本町3-7-3
　　　　　紀ノ国屋国立店………………………… 042-575-1111　東京都国立市中1-16-1
　　　　　伊勢丹新宿店…………………………… 03-3352-1111　東京都新宿区新宿3-14-1
　　　　　クイーンズ伊勢丹品川店……………… 03-6717-6262　東京都港区港南2-18-1　アトレ品川3F
　　　　　クイーンズ伊勢丹杉並桃井店………… 03-5303-7811　東京都杉並区桃井3-5-1
　　　　　松屋銀座店……………………………… 03-3567-1211　東京都中央区銀座3-6-1
　　　　　三徳茗荷谷店…………………………… 03-3816-3109　東京都文京区小石川4-20-5
　　　　　エスカマーレ江古田店………………… 0120-789014　東京都練馬区旭丘1-68-20
　　　　　三浦屋飯田橋ラムラ店………………… 03-5225-1188　東京都新宿区神楽河岸1-1　セントラルプラザラムラ1F
　　　　　プレッセ田園調布店…………………… 03-5483-3109　東京都大田区田園調布2丁目62-4
　　　　　プレッセ目黒店………………………… 03-5435-1109　東京都品川区上大崎3-1-1
　　　　　北野エース調布パルコ店……………… 042-490-2330　東京都調布市小島町1-38-1　調布パルコ B1F

・スパイスの買える店・

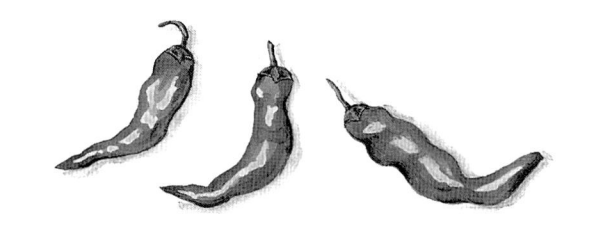

関　東 ● 伊勢丹浦和店……………………… 048-834-1111　埼玉県さいたま市浦和区高砂1-15-1
　　　　　京北スーパー柏店………………… 04-7166-1191　千葉県柏市柏1-4-3
　　　　　京急百貨店………………………… 045-848-1111　神奈川県横浜市港南区上大岡西1-6-1
　　　　　もとまちユニオン元町店………… 045-641-8551　神奈川県横浜市中区元町4-166
　　　　　もとまちユニオン鎌倉店………… 0467-24-8211　神奈川県鎌倉市小町1-7-13
　　　　　紀ノ国屋鎌倉店…………………… 0467-25-1911　神奈川県鎌倉市御成町15-3

信　越 ● 新潟伊勢丹………………………… 025-242-1111　新潟県新潟市中央区八千代1-6-1

東　海 ● 静岡伊勢丹………………………… 054-251-2211　静岡県静岡市葵区呉服町1-7
　　　　　明治屋名古屋栄大津通ストアー… 052-264-3851　愛知県名古屋市中区栄3-16-1 松坂屋名古屋店B1F

近　畿 ● ＪＲ京都伊勢丹…………………… 075-352-1111　京都府京都市下京区烏丸通塩小路下ル東塩小路町
　　　　　明治屋京都三條ストアー………… 075-221-7661　京都府京都市中京区三条通河原町東入中島町78
　　　　　大丸神戸店………………………… 078-331-8121　兵庫県神戸市中央区明石町40番地
　　　　　いかりスーパーマーケット芦屋店…… 0797-32-7001　兵庫県芦屋市岩園町1-25
　　　　　いかりスーパーマーケット夙川店…… 0798-71-0411　兵庫県西宮市南越木岩町4-18
　　　　　阪神梅田本店……………………… 06-6345-1201　大阪府大阪市北区梅田1-13-13

中　国 ● アバンセ三越店…………………… 082-242-0043　広島県広島市中区胡町5-1
　　　　　ラパン母衣町店…………………… 0852-23-2080　島根県松江市母衣町180-9

四　国 ● サニーマートアクシス南国店…… 0120-631-861　高知県南国市大そね乙1009-1
　　　　　スーパーＡＢＣ上一万店………… 089-931-1101　愛媛県松山市勝山町2-21-1

九　州 ● 岩田屋本店………………………… 092-721-1111　福岡県福岡市中央区天神2-5-35
　　　　　井筒屋小倉店……………………… 093-522-3111　福岡県北九州市小倉北区船場町1-1
　　　　　鶴屋百貨店………………………… 096-356-2111　熊本県熊本市中央区手取本町6-1

- ●著者―――ジル・ノーマン（世界の食材や料理に精通したイギリスのスパイス研究家）
- ●日本語訳――長野ゆう
- ●監修―――高橋哲也
- ●イラスト――佐藤千穂　大橋美佳

- ●編集―――佐藤滉一　田中恭子
- ●写植―――株式会社 トップ
- ●日本語版デザイン・レイアウト――東京エディトリアルセンター　多川精一　今村ゆかり
- ●最新版カバー・表紙・扉デザイン――スタジオ・リバーハウス　武山 忠　本島聖子

※この本は、1992年に発行した『スパイスブック』（上製本）を、カバー、表紙等を一新し、スパイス入手店の最新情報を入れ、並製本の低価格設定としました。本文は同一です。

## スパイス完全ガイド [最新版]

2006年11月1日　　　初版第1刷発行
2019年9月15日　　　初版第11刷発行

著　者――ジル・ノーマン
発行人――川崎深雪
発行所――株式会社 山と溪谷社
　　住所―――〒101-0051 東京都千代田区神田神保町1丁目105番地
　　■乱丁・落丁のお問合せ先
　　山と溪谷社自動応答サービス
　　電話　03-6837-5018
　　受付時間／10:00～12:00、13:00～17:30（土日、祝日を除く）

　　■内容に関するお問合せ先
　　山と溪谷社
　　電話　03-6744-1900（代表）

　　■書店・取次様からのお問合せ先
　　山と溪谷社受注センター
　　電話　03-6744-1919　FAX 03-6744-1927
　　HPアドレス――https://www.yamakei.co.jp/
　　Copyright © 2006 Jil Norman All rights reserved. Printed in Japan

印刷所
製本所　―――凸版印刷株式会社

ISBN978-4-635-45007-2

※定価はカバーに表示してあります。万一、落丁・乱丁などありましたら、送料小社負担でお取り替えします。